꺼!

조선시대로 간 소년

자료와 가능성을 만나다!

조선시대로 간 소년

자료와 가능성을 만나다!

글 김혜진·조영석 | 그림 이지후

(주)자음과모음

차례

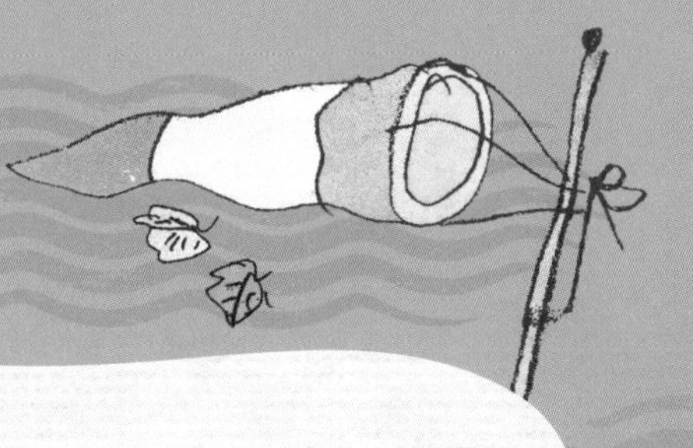

책머리에

어렸을 때 저는 선생님의 재미있는 이야기를 좋아하는 학생이었어요. 선생님 한마디에 반 전체가 술렁이고, 그런 마법을 부리는 선생님이 대단해 보였어요. 선생님이 된 지금은 반 친구들의 기대를 저버리지 않기 위해 다양한 경험과 재미 요소를 수업에 녹여 내죠. 선생님으로서 가르칠 모든 내용을 이야기에 넣어서 전해줄 수만 있다면 친구들이 얼마나 좋아하겠어요?

최근 '융합'이라는 단어를 사회 곳곳에서 만날 수 있어요. 문화, 경제, 교육에 걸쳐 사회의 많은 부분이 융합을 기본으로 한다고 해도 과언이 아니거든요. 특히 초등교육은 주제를 중심으로 각 교과가 유기적으로 움직이는 공간이기도 해요. 선생님으로서 수학 시간에는 수학만, 과학 시간에는 과학만을 고집하는 것보다는 교과 내용 간의 융합, 교육 방법 간의 융합이 더 맞는 상황이기도 해요.

책을 집필할 때 작가이자 교육자로서 몇 가지 고민한 사항이 있어요. 첫째는 전체적인 주제예요. 이 책은 조선시대의 융합 인재 최석정과 같은 이름을 가진 소년을 주인공으로 했어요. 최석정은 문(文)이 기반인 사회에서 행정가이자 수학, 천문학 등에서 활약한 학자로 융합 인재라고 할 수 있지요. 현재의 국무총리에 해당하는 영의정을 여덟 번이나 지냈고, 조선시대 대표적인 수학책『구수략』도 집필했어요. 특히 이 책에는 직교라틴방진이 기록되어 있는데, 이는 유명한 수학자 오일러의 마방진보다 60년이나 앞섰다고 해요. 또, 최석정은 천문을 담당하는 관상감 교수를 겸했다고 알려져 있어 오늘날 지향하는 유연한 인재상이라고 할 수 있어요. 21세기에 살고 있는 소년 최석정이 갑자기 조선시대로 간다면 어떨까라는 물음에서 전체적인 주제를 정했어요.

둘째는 독자가 쉽게 접하지 않는 내용, 배경 등을 사용해 알아 가는 재미를 주고 싶었어요. 수학과 과학을 다룬 동화책 등을 분석해 보니 여러 영역 중에서 자주 다루어지는 내용을 파악할 수 있었어요. 그리고 대부분의 동화책은 소재를 자유롭게 사용할 수 있어서인지 미래로 가는 이야기가 주를 이룬다는 것도 알게 되었죠. 작가로서 부담이 따르지만 잘 다루지 않는 수학의 '자료와 가능성'을 기반으로 과학의 '날씨' '물질의 변화' '해풍과 육풍' 등을 다루었고, 최근 이슈인 '해시태그' 등을 활용해 이야기 속에서 다양한 지식을 접할 수 있도록 했어요. 이뿐만 아니라 주인공인 소년 최석정이 예전에는 스마트폰 게임에만 몰두했지만 다양한 미션을 해결하면서 성장하는 과정도 다루고자 했죠.

한 권의 책으로 독자에게 많은 지식을 주고자 한 것은 아니에요.

어린 독자들이 더 어렸을 때 부모님이 읽어 주던 동화책처럼, 선생님이 들려주던 옛날이야기처럼 세상에 호기심을 가지는데 도움이 되고 싶었어요.

이 책이 나오기까지 선생님의 말에 항상 호기심 가득한 눈으로 바라봐 준 제자들, 많은 가르침과 기회를 주시는 스승님들과 특별히 장혜원 교수님께 감사드립니다. 그리고 항상 울타리가 되어 주는 가족에게 감사드려요.

김혜진·조영석

등장인물

석정이

게임을 좋아하고 공부를 싫어하는 초등학생. 특히 수학을 어려워한다. 엄마의 설득 끝에 한자 공부를 시작하게 됐는데, 뜻밖의 일로 조선시대로 간다.

홍찬이

석정이가 조선시대에서 만난 같은 또래의 친구. 세상에 대한 호기심이 많다. 갈 곳 없는 석정이를 자기 집에서 머물게 하는 마음 넓은 아이이다.

홍찬이 할아버지

기상 업무를 담당하는 관상감에서 일하며 날씨책을 쓴 할아버지. 집에 머무는 석정이를 잘 보살피다가 석정이의 놀라운 재능을 알아챈다.

훈장님

서당에서 아이들을 가르치는 선생님. 석정이의 재능을 시험하기 위해 여러 가지 문제를 내며 숨겨진 능력을 발휘하도록 도움을 준다.

임금님

석정이의 재능을 소문으로 듣고 석정이와 함께 수학, 과학 이야기를 나누고 싶어 하는 조선시대의 왕. 석정이가 어려운 일을 겪을 때 도움을 준다.

사또님

홍찬이네 마을을 다스리는 공평하고 현명한 사또. 마을의 문제를 해결하기 위해 노력한다. 석정이가 잘되기를 응원하는 사람 중 하나다.

프롤로그

"스마트폰 그만하고 수학 문제 좀 풀어!"

석정이는 엄마의 잔소리를 피해 방으로 들어왔다.

"스마트폰으로 책 보고 있다고요."

하루에도 몇 번씩 엄마와 석정이의 술래잡기가 이어졌다.

스마트폰으로 책도 보고 만화도 보고 뉴스도 보고 영상도 보고 노래도 듣는 석정이가 가장 좋아하는 곳은 와이파이 존. 그곳에서 석정이가 스마트폰으로 하는 가장 중요한 일은 바로 게임이다.

'엄마는 모르겠지만 게임하면 얼마나 집중력이 높아지는데. 집중력이 높아야 공부도 잘할 수 있는 거라고. 그 비결이 게임이란 말이지.'

석정이는 양손의 엄지를 이리저리 옮기며 스마트폰 속의 게임 캐릭터를 자유자재로 움직였다.

엄마의 끈질긴 설득으로 매일 아침 한자 학습지를 푸는 석정이는 얼마 전에 보았던 ★ 수불석권을 떠올렸다.

> ★ **수불석권**
> 손에서 책을 놓지 않는다는 뜻의 사자성어.

'수학책도 이렇게 재미있으면 내가 매일매일 쉬지 않고 수불석권하지.'

그 순간 스마트폰에서 '띵동' 하고 문자 알림음이 울렸다.

'아, 한참 신났는데 누가 방해하는 거야?'

"'당신을 게임에 초대합니다.' 이게 뭐야? 게임에 초대한다고? 음, 스마트폰 요금 더 나오면 엄마한테 또 혼날 텐데……."

"어, 이게 뭐야? 요금이 발생하지 않습니다? 수학을 재미있게

당신을 게임에 초대합니다.

요금이 발생하지 않습니다.
수학을 재미있게 공부하고 싶은 사람 Click!

- 수수께끼 맨

공부하고 싶은 사람 클릭?"

게임 마니아인 석정이에게는 '수학'이라는 글자보다 '게임'이라는 글자가 눈에 더 크게 들어왔다. 석정이는 한 치의 망설임도 없이 문자메시지의 링크를 손가락으로 꾹 눌렀다.

그 순간, 석정이의 주변이 빙글빙글 돌더니 마치 롤러코스터를 타고 끝없이 깊은 구멍으로 빨려 들어가는 것처럼 아득해졌다.

'눈이 점점 감기는데……. 왜 이러지. 어지러워.'

석정이는 그 자리에 쓰러지고 말았다. 주변은 더 빠른 속도로 돌기 시작했다.

'모르겠다. 더 자야지. 그런데 뭐가 이렇게 시끄럽지? 누가 거실에 텔레비전을 켜 놓았나?'

석정이는 비몽사몽간에 눈을 감고 거실에서 들려오는 소리를 흘려들었다.

"감자 사세요."

"한 냥입니다."

"여기 땔감으로 쓸 나무 좀 보여 주시오."

"옷감이 곱네요."

단잠을 깨우는 시끄러운 소리가 거실의 텔레비전에서 나는 거라고 생각한 석정이는 고함을 질렀다.

"엄마! 텔레비전 소리 좀 줄여 주세요. 엄마!"

밖에서 아무런 인기척이 없자 석정이는 힘겹게 눈을 뜨며 기지개를 켰다.

“아, 잘 잤다. 어, 이게 뭐야!”

석정이는 눈을 다시 한번 비볐다.

그리고 자신이 방이 아닌 시장에, 그것도 침대가 아닌 풀밭 위에 누워 있는 것을 알아채고는 어리둥절해했다. 게다가 저 멀리에 엄마가 아니라 사극에서 보던 한복 입은 사람들이 물건을 사고팔며 지나다니고 있었다.

“어, 여기가 어디지? 아직도 꿈속인가?”

석정이는 손을 들어 오른쪽 볼을 한번 꼬집어 보았다.

"아야! 여기는……."

석정이는 고개를 들어 주변을 둘러보고서 이곳이 21세기가 아니라는 확신이 들었다. 그때, 엄마의 설득으로 시작한 한자 학습지에서 보았던 몇 글자가 눈에 들어왔다.

띵동, 띵동, 띵동, 띵동.

"이게 무슨 소리지?"

석정이는 소리가 난 듯한 곳으로 눈길을 돌렸다. 익숙하지 않은 물건이 보였는데 사회 시간에 들어본 적이 있는 봇짐이었다. 풀어보니 그 안에 한복, 엽전, 물병, 안경, 일기장, 연필이 들어 있었다. 그리고 방금 알림음이 울린 스마트폰도 있었다.

석정이는 잠시라도 손에 없으면 허전하게 느껴지는 스마트폰을 냉큼 집어서 화면을 들여다보았다.

1 비를 예측하는 그래프

WELCOME

당신은 16세기 조선시대에 와 있습니다.
이곳에서 문제를 풀어 보세요.
여덟 문제를 모두 해결하면 집으로 돌아갈 수 있습니다.
이 스마트폰으로는 문자를 받는 것만 가능합니다.

- 수수께끼 맨

"이게 무슨 말이지? 내가 지금 16세기 조선시대에 와 있다고? 엄마가 모르는 사람한테 온 문자는 절대 클릭하지 말라고 했는데."

게다가 문제를 풀어야 집으로 돌아갈 수 있다니 석정이는 너무 놀라 당황했다.

'그래, 이럴 때일수록 당황하면 안 되지. 먼저 방법을 찾아보자.'

석정이는 우선 떨리는 손으로 봇짐 안의 한복을 꺼내 갈아입었다. 한복을 입은 석정이는 영락없이 조선시대 사람이었다.

그러고 나서 석정이는 집으로 돌아갈 방법을 찾기 위해 봇짐을 메고 이리저리 시장을 돌아보았다. 그때, 저 멀리 피어오르는 연기 아래 사람들이 옹기종기 모여 있는 것이 눈에 들어왔다.

'저기 사람이 많이 모여 있네. 무슨 일이지? 한번 가 볼까?'

사람들이 모여 있는 곳으로 단숨에 달려간 석정이는 멀리서 보이던 연기가 쌓아 둔 나무 더미에서 나고 있다는 것을 알게 됐다. 그 옆에서 사람들이 하늘을 향해 절을 하고 있었다.

"무슨 일이죠? 저 사람들은 지금 무엇을 하고 있는 건가요?"

석정이는 무슨 일인지 궁금해서 옆에 서 있는 아저씨에게 물었다.

"농사를 지어야 하는데 요즘 비가 너무 안 오잖아. 그래서 ★ 기우제를 지내는 거란다."

"기우제요?"

석정이는 사회 시간에 배웠던 기우제를 떠올렸다.

"이렇게 하면 정말 비가 내려요?"

★ **기우제**
비가 오랫동안 오지 않아 가뭄이 들었을 때, 비가 내리기를 바라면서 지내는 제사.

"아니! 이 녀석이 큰일 날 소리를 하네. 하늘에서 들으면 어쩌려고!"

농부 아저씨는 깜짝 놀라며 집게손가락을 입으로 가져가 일자를 만들었다.

'이렇게 하면 비가 온다고? 비가 안 온다는 말을 들으니까 괜히 목이 마르네. 물이나 마시자.'

석정이가 봇짐에서 물병을 꺼내 물을 마시려고 할 때였다. 같은 또래의 남자아이가 석정이의 옷을 잡으며 말했다.

"저기……. 나한테 물 좀 주면 안 될까? 우물이 말라 버려서 사흘 동안 물을 못 마셨어. 아니면 우리 누렁이라도……. 우리 누렁이는 짖을 힘도 없어."

그 말을 듣고 석정이는 남자아이의 얼굴을 가만히 들여다보았다. 울다 지친 건지 눈물은 말라 눈곱이 끼어 있었고, 입술은 터서 허옇게 일어났으며, 피부는 노인처럼 축 처져 있었다.

"그래, 이 물 마셔."

석정이는 물을 조금 따라 남자아이에게 주고는 기운이 없어 배를 바닥에 깔고 있는 누렁이에게도 주었다. 이뿐만 아니라 물을 마시지 못해 기운 없는 할아버지와 할머니, 물을 마시고 싶어 석정이 주변으로 몰려든 아이들에게도 아낌없이 나누어 주었다.

"고마워."

“고맙구나.”

물을 마신 사람들이 여기저기서 석정이에게 감사 인사를 전했다.

석정이는 텔레비전에서 물이 부족해 어렵게 생활하는 사람들을 보았던 장면이 떠올라 눈물이 날 것 같았다.

“고마워, 이 은혜 꼭 잊지 않을게. 나는 홍찬이라고 해. 넌 이름이 뭐니?”

석정이에게 처음 말을 건 남자아이가 웃으며 말했다.

“난 석정이라고 해. 만나서 반가워.”

석정이도 웃으며 대답했다.

"홍찬아, 근데 기우제는 언제부터 지냈니?"

"열흘쯤 되었나? 비가 계속 오지 않으면 우리 누렁이를 제물로 바친다고 하는데 정말 걱정이야. 어떻게 해서든 비가 내려야 할 텐데……."

홍찬이가 옆에 엎드려 있는 누렁이를 걱정스럽게 바라보며 대답했다.

'보통 여름방학 때 비가 많이 내렸어. 후덥지근한 것을 보니 지금 여기도 여름인 것 같은데, 언제쯤 비가 내릴까?'

홍찬이 말에 석정이도 걱정이 됐다.

"우리 할아버지가 예전에 날씨를 관찰하던 관상감에서 일하셨는데 지금도 매일매일 날씨를 적어 놓고 계셔."

홍찬이는 문득 할아버지가 떠올라 말했다.

"오, 잘됐다. 그거 나한테 좀 보여 줄 수 있어?"

석정이는 홍찬이 말에 번뜩이는 생각이 났다.

조선시대의 기상청 관상감

조선시대에 기상 업무를 담당한 정부 기관. 기상 측정뿐만 아니라 천문, 지리 등의 업무도 맡으며 오늘날의 기상청 · 천문대의 역할을 했다.

둘은 한참을 걸어 홍찬이 집에 도착했다. 문을 열고 할아버지 방으로 살금살금 들어갔지만 할아버지는 방에 계시지 않았다.

"석정아, 이게 바로 할아버지가 몇 년 동안 적어 두신 날씨책이야."

"우와, 홍찬아 책이 뭐 이리 두꺼워. 글씨도 모두 한자잖아. 글씨가 너무 작은데……. 아, 봇짐에 안경이 있었지? 한번 써 볼까?"

석정이는 봇짐에 있던 안경을 꺼내 썼다.

'아니, 이게 뭐야? 한자가 한글로 보이잖아.'

석정이가 낀 안경은 눈에 보이는 한자를 한글로 바꿔 주는 스마트 안경이었다.

안경을 쓴 석정이는 홍찬이 할아버지의 날씨책을 이리저리 살펴보았다. 두꺼운 날씨책은 글도 많고, 이상한 기호도 많아서 아무리 스마트 안경이 있어도 읽는 게 쉽지 않았다.

책을 몇 장 못 읽고 지루해하며 하품을 하려는 순간, 석정이는 예전에 있었던 일이 문득 떠올랐다.

"오늘은 2일이니까 2번이 문제 풀어 봐요. 그다음은 12번이 나오고, 그다음은 22번이 풀어 볼까요?"

선생님이 부르는 번호의 아이들이 차례대로 나와 칠판에 적힌 수학 문제를 풀었다.

'아, 난 32번인데 다음 문제는 내가 풀어야 하나? 이런, 내가 풀

가능성이 높잖아!'

석정이는 22번 친구가 문제를 푸는 모습을 바라보며 걱정이 됐다.

"다음, 32번이 나와서 풀어 보세요."

"네……."

예상대로 석정이가 앞으로 나와 수학 문제를 풀게 됐다. 월별 강수량을 그래프로 나타내 강수량의 변화를 알아보는 문제였다.

'선생님이 이럴 때는 무슨 그래프를 사용하라고 말씀하셨던 것 같은데……. 막대그래프, 꺾은선그래프? 집중 또 집중.'

석정이는 눈을 감고 정신을 집중했다.

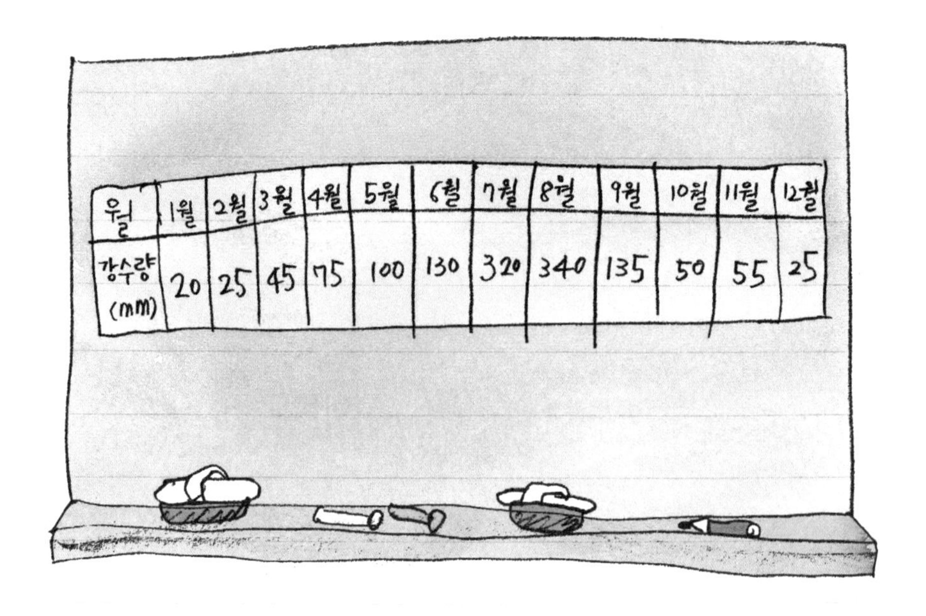

월	1월	2월	3월	4월	5월	6월	7월	8월	9월	10월	11월	12월
강수량 (mm)	20	25	45	75	100	130	320	340	135	50	55	25

'그렇지! 선생님이 **크기를 한눈에 비교하고자 할 때는 막대그래프를 사용**하라고 하셨어. 막대그래프는 자료의 크기만큼 막대 모양으로 나타내는 그래프지. 사회 시간에 지역별 인구를 비교할 때, 체육 시간에 반 친구들이 좋아하는 운동을 나타낼 때 막대그래프를 사용했어.

그리고 **변화하는 양을 알고 이를 통해 변화 추세를 파악하거나 미래를 예상하기 위해서는 꺾은선그래프를 사용**하라고 하셨어. 꺾은선그래프는 자료의 양을 점으로 찍고 그 점들을 선분으로 이어 나타냈지.

그래서 변화하는 모양과 정도를 보고 조사하지 않은 중간값을 알 수 있고, 그다음에 어떻게 변할지도 예상할 수 있다고 하셨어. 과학 시간에 날짜별 온도를 꺾은선그래프로 나타내 온도 변화를 쉽게 확인할 수 있었고, 사회 시간에 몇 년간의 도시 인구수를 꺾은선그래프로 나타내 다음 연도의 도시 인구수를 예측할 수 있었어.'

석정이가 감고 있던 눈을 번쩍 떴다.

'음, 그렇다면 날씨책은 꺾은선그래프로 나타내야겠구나!'

해결 방법이 떠오른 석정이는 할아버지의 날씨책에 나와 있는 월별 강수량의 변화를 보고 꺾은선그래프로 나타내기 시작했다.

'아하, 2년간의 강수량을 꺾은선그래프로 그려 보니 6월부터 강

막대그래프와 꺾은선그래프

막대그래프

크기를 한눈에 쉽게 비교할 수 있지만 나타나지 않은 값은 찾기 어렵다.

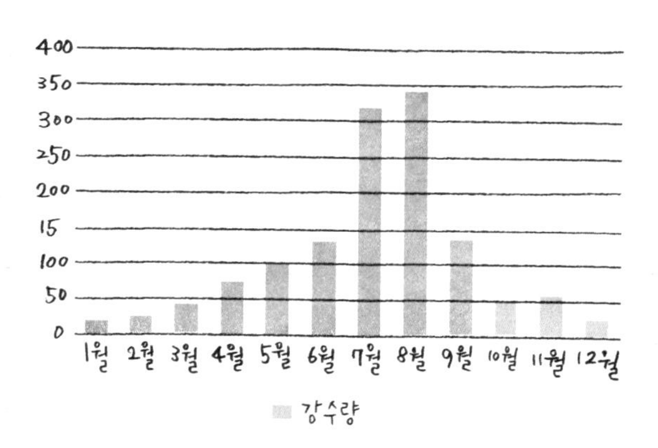

꺾은선그래프

수량이 변화하는 모양과 정도를 쉽게 알 수 있다. 이를 통해 중간값을 예상하거나 변화 추세를 파악할 수 있다.

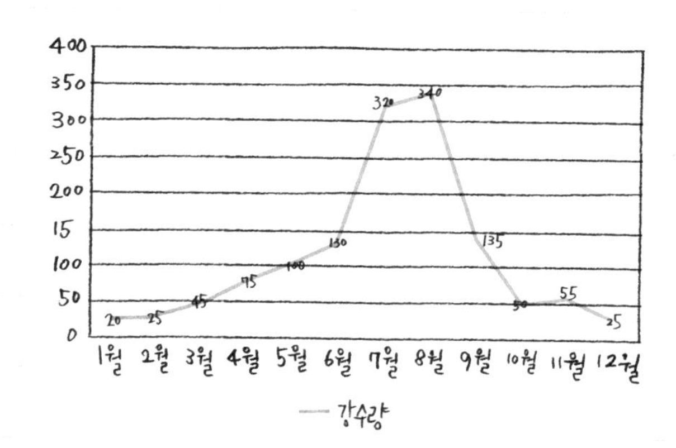

수량이 증가해서 8월로 갈수록 강수량이 많아지잖아. 그렇다면 지금이 6월이니 곧 비가 내리겠는데!'

"홍찬아, 이제 곧 비가 내릴 거야. 내 말 한번 믿어 봐."

석정이는 홍찬이에게 자신 있게 말했다.

"정말이니? 그럼 빨리 마을 사람들에게 이 사실을 알리고 누렁이를 제물로 삼지 말라고 해야겠어!"

서둘러 다시 장터로 나온 석정이와 홍찬이는 날씨책과 꺾은선 그래프를 사람들에게 보여 주며 곧 비가 내릴 거라고 이야기했다. 하지만 사람들은 어린아이들이 하는 말을 믿지 않았다.

"아이고, 제 말이 맞는다니까요."

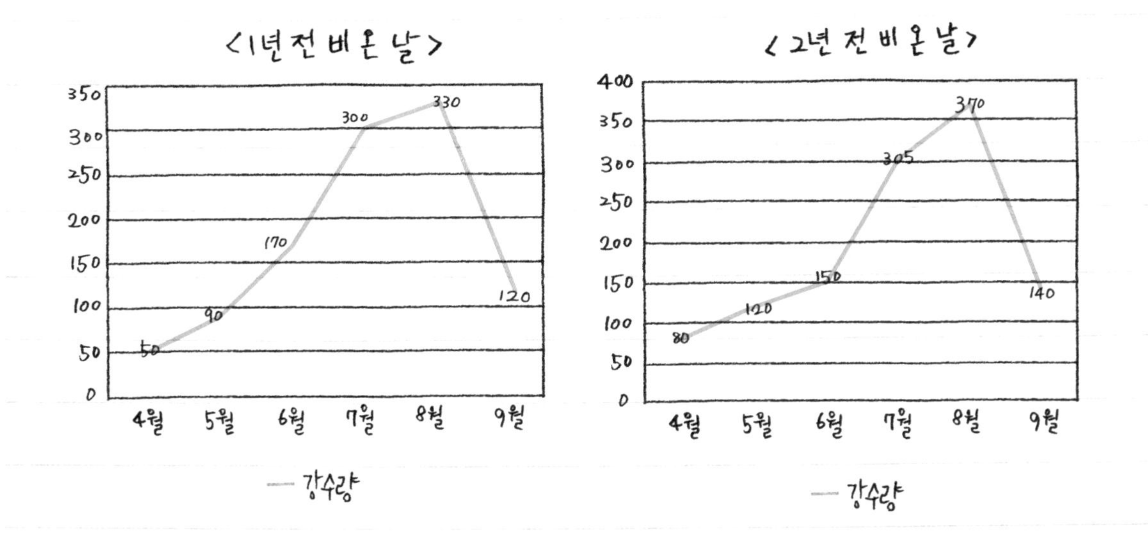

그 순간 검은 물체가 석정이 옆을 쏜살같이 스쳐 지나갔다.

"에구머니, 이게 뭐람?"

"이상하게 제비가 땅바닥 가까이로 아주 낮게 날아가잖아. 한 마리도 아니고 여러 마리가 한꺼번에 말이야. 아이고, 하늘이 노했나 보다."

사람들은 기우제를 방해하는 석정이와 홍찬이 때문에 하늘이 화가 났다고 생각했다.

"아니에요. 제가 책에서 봤는데 제비가 땅바닥 가까이 나는 것은 곧 비가 올 거라는 징조예요. 비가 오면 지렁이가 땅 밖으로 나오기 때문에 제비가 먹이를 찾으러 낮게 난다는 거죠."

석정이는 두려움에 가득한 마을 사람들을 바라보며 말했다. 하지만 마을 사람들은 석정이의 말에 귀를 기울이지 않았다.

"하늘을 노하게 하는 저 녀석들을 잡아라!"

툭.

투둑.

투둑투둑.

갑자기 하늘에서 굵은 빗방울이 하나둘 떨어지더니 곧이어 비가 쏟아졌다.

"와아아!"

"아이들 말이 맞았구나."

마을 사람들은 비를 맞으며 석정이와 홍찬이에게 미안한 표정을 지었다.

"그것 보세요. 제 말이 맞죠? 저기압 상태가 되면 개미도 비가 내릴 것을 알고 미리 안전한 지대로 이동해요. 저기, 개미가 떼를 지어 움직이고 있잖아요."

석정이의 말에 마을 사람들은 줄지어 이동하고 있는 개미 떼를

저기압과 고기압

저기압: 주변보다 기압이 낮은 상태. 흐리거나 구름 낀 날, 비 오는 날이 많다.
고기압: 주변보다 기압이 높은 상태. 맑고 화창한 날이 많다.

바라보며 고개를 끄덕였다.

그때, 봇짐 안에 있는 스마트폰에서 알림음이 들렸다.

강수량의 변화를 꺾은선그래프로 나타내고
비가 올 징조를 잘 찾아냈습니다.

1단계 통과입니다.

- 수수께끼 맨

"아빠가 종종 '내가 세차한 날은 꼭 비가 온다'라고 말씀하시는데 오늘 아빠가 세차하셨나 보다."

석정이가 웃음을 지으며 말했다.

석정이의 일기장

비를 예측할 때는 어떤 그래프가 좋을까?

변화하는 값을 연결해 나타내며, 변화 추세를 파악하거나 조사하지 않은 값을 예측할 수 있는 꺾은선그래프가 유용하다.

비가 올 것을 예상할 수 있는 일은?

제비가 낮게 날고, 개미가 떼 지어 이동하면 비가 온다.

아래 표는 몸무게의 변화를 나타낸 것이다. 변화 추세를 살펴보기 위해서는 어떤 그래프로 나타내야 할까?

기간	1주 차	2주 차	3주 차	4주 차	5주 차	6주 차	7주 차
몸무게	41kg	41.5kg	42.5kg	42.5kg	43kg	43.5kg	44kg

2 두 주사위의 가능성

"으아, 잘 잤다."

며칠 동안 계속 내리던 비가 드디어 그치고 맑은 하늘이 보였다. 석정이는 그동안 홍찬이 집에 머물렀는데 홍찬이 할아버지와 함께 꺾은선그래프를 그리며 1년 치 날씨를 예측해 보기도 했다.

"누렁아, 이리 와. 어? 홍찬아, 누렁이가 뭘 물어 왔어."

석정이가 눈을 크게 뜨며 말했다. 홍찬이는 누렁이가 물어 온 물체를 살펴보더니 말했다.

"아, 이거. 우리 동네 아이들이 가지고 노는 주사위야."

"게임이구나. 나도 게임 정말 잘하는데."

"게임? 게임이 뭐야?"

홍찬이는 처음 듣는 단어가 무슨 뜻인지 궁금했다.

"응, 게임은 놀이라는 뜻이야."

석정이는 게임 생각에 가슴이 두근거렸다.

"어, 저기 아이들이 모여 있다."

동네 어귀에 모인 아이들 틈으로 석정이와 홍찬이가 고개를 내밀

쌍륙놀이

쌍륙판에 두 사람이 각자 말을 15개씩 놓고 주사위 2개를 굴려 나온 수만큼 말을 전진시키는 전통 놀이. 양반들 사이에서 주로 행해졌으며, 남자뿐만 아니라 여자도 즐긴 놀이다.

었다. 아이들은 쌍륙놀이를 하고 있었다.

"저게 쌍륙놀이라는 거지? 재밌겠다. 나도 하고 싶은데……."

석정이는 놀이를 하고 있는 아이들이 부러웠다.

"석정아, 윗동네 아이들하고는 놀지 마. 저번에 쟤들이랑 쌍륙놀이를 하다가 졌는데 며칠 동안 힘들게 만든 제기를 다 빼앗겼어."

홍찬이가 힘주어 말했다.

"홍찬아, 나는 게임을 밤낮으로 손에서 놓지 않고 한 몸이야. 이 정도 주사위 게임, 내가 단번에 이겨 줄게. 네 제기도 찾아 주고."

그 순간 어디선가 낯선 목소리가 들렸다.

"야, 꼬맹이 둘. 우리랑 쌍륙놀이 할래? 어라, 저번에 제기를 다 내어 준 꼬마잖아. 하하하."

윗동네 아이들이 크게 웃으며 말했다.

"너희들, 놀이에서 졌다고 제기를 뺏어 가면 어떡하냐?"

석정이가 화를 내며 말했다.

"형님들 노는 데 꼬마를 껴 줬으면 그만큼의 보상이 있어야지. 실력도 안 되는 녀석이 또 쌍륙놀이 하려고?"

윗동네 아이가 홍찬이를 가리키며 말했다.

"좋아, 이번엔 내가 상대해 주지. 지고 나서 울기 없기야. 대신 내가 이기면 빼앗아 간 제기도 되돌려 주고, 다시는 어린아이들한테 내기 걸지 않기다. 약속해."

석정이가 위축되어 있는 홍찬이를 대신해 말했다.

"흥, 놀이가 끝나고도 그렇게 자신만만한지 두고 보자. 근데 네 녀석 눈에 있는 건 뭐냐? 내가 이기면 그걸 나한테 내놔."

윗동네 아이가 석정이가 쓰고 있는 안경을 가리키며 말했다.

석정이는 겉으로 자신만만해했지만 쌍륙놀이는 처음이라 걱정이 됐다. 이를 눈치챈 홍찬이가 석정이에게 말했다.

쌍륙놀이 방법

첫째, 쌍륙판, 흰 말 15개, 검은 말 15개, 주사위 2개를 준비한다.

둘째, 흰 말은 왼쪽 위에서 출발하고 검은 말은 왼쪽 아래에서 출발한다. 두 주사위를 던져 나온 수가 1과 5면 하나의 말로 여섯 칸을 움직이거나, 두 말로 각각 한 칸과 다섯 칸을 움직인다.

셋째, 흰색 말은 시계 방향으로 검은 말은 시계 반대 방향으로 움직인다.

넷째, 말을 놓을 칸에 상대방 말이 2개 이상 있으면 그 자리에는 말을 놓을 수 없다.

다섯째, 자신의 말과 상대방 말이 하나씩 있는 칸에 자신의 말을 하나 더 놓으면 그 자리에 있는 상대방 말을 잡아 출발점으로 돌려보낼 수 있다.

여섯째, 자신의 말을 먼저 모두 밖으로 내보내면 이긴다.

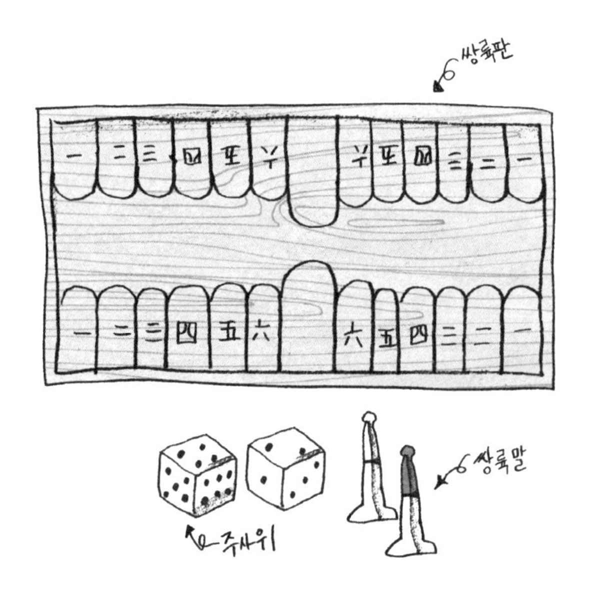

"석정아, 쌍륙놀이는 처음이지? 내가 방법을 설명해 줄게."

홍찬이가 쌍륙놀이 방법이 적힌 종이를 건네며 설명했다.

'어, 주사위를 던져서 보드판을 한 바퀴 돌아 세계 여행을 하는 게임이랑 비슷한데? 예전에 친구들이랑 해 본 적 있잖아.'

석정이는 홍찬이의 설명을 들으며 전에 해 보았던 보드게임을 떠올렸다.

"자, 그럼 시작하자."

석정이와 윗동네 아이가 쌍륙놀이를 시작하고 나서 꽤 오랜 시간이 흘렀다. 그동안 동네 아이들이 하나둘 주위로 모여들어 두 사람을 둥글게 에워쌌다.

앞서거니 뒤서거니 하며 이어지던 게임은 어느덧 15개의 말 대부분이 쌍륙판을 한 바퀴 돌아 나가고 몇 개 남지 않았다. ㊍막상막하이자 ㊍대동소이한 경기를 지켜보는 동네 아이들의 눈에는 긴장감이 넘쳤다.

'나는 검은 말, 저 녀석은 흰 말. 쌍륙판 위에 나는 말이 둘이나 남았고 상대방은 하나 남았네. 이러면 말이 하나 더 남은 내가 지겠는걸.'

석정이의 이마에서 땀방울이 흘러내렸다.

"야, 꼬맹이. 나는 이제 말이 하나만 남아서

★ 막상막하
'위도 아니고 아래도 아니다'라는 뜻으로, 실력이 엇비슷하여 우열을 가리기 힘들다는 것을 일컫는 말이다.

★ 대동소이
거의 같고 작은 차이만 있을 뿐이라는 뜻으로, 둘 이상의 대상이 비슷하다는 것을 일컫는 말이다.

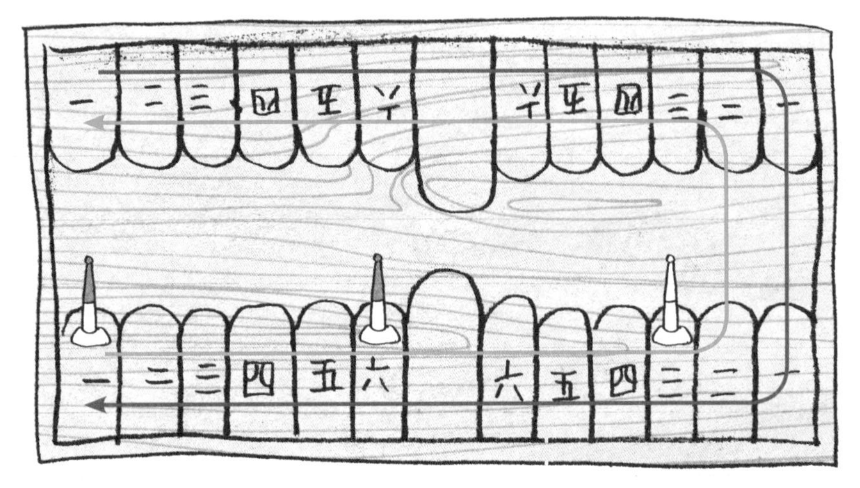

빨간 선은 흰 말의 이동 방향, 파란 선은 검은 말의 이동 방향이다.

10 이상만 나오면 끝나는데 너는 아직도 말이 둘이나 남았네. 이러면 내가 이기겠는데. 왜냐면 내가 주사위를 던졌다 하면 항상 10 이상이 나오거든."

이 말이 사실인 양 윗동네 아이들은 모두 고개를 끄덕였다.

"그럴 일은 없겠지만 만약 네가 이기면 지난번에 빼앗은 제기와 함께 이 쌍륙놀이도 주마. 대신 지면 네 눈에 있는 요상한 것뿐만 아니라 봇짐 안에 있는 것도 줘야겠어."

윗동네 아이는 자신만만해하며 석정이의 봇짐을 가리켰다.

"뭐야, 이 녀석들. 너희 이런 식으로 아이들 물건을 빼앗았어?"

석정이가 동네 아이들을 쳐다보자 아이들이 입은 다문 채 그저 고개만 끄덕였다.

'이제 상대방은 두 주사위의 합이 10 이상으로 나오거나, 주사위 하나가 10이 나오면 되겠네. 아! 주사위는 6까지 밖에 없지.'

"석정아, 어떡하지? 재 정말 주사위를 던졌다 하면 항상 10 이상이 나와."

홍찬이는 초조한 얼굴로 생각에 잠긴 석정이를 바라보았다.

'생각을 하자, 생각을……. 주사위를 굴려서 나올 수 있는 경우를 따져 보자. 하나씩 차근차근 적어 보는 게 좋겠다. 음, 모두 서른여섯 가지네. 그중에서 합이 10이 나올 경우는 (4, 6) (5, 5) (6, 4) 세 가지. 그리고 합이 10보다 커도 저 녀석이 이기니까 (5, 6) (6, 5) (6, 6) 세 가지를 더해서 총 여섯 가지구나. 주사위를 굴려서 이 중 하나라도 나오면 저 녀석이 이기겠네.'

두 주사위의 합이 10 이상인 경우 (주사위1, 주사위2)

(1, 1)	(1, 2)	(1, 3)	(1, 4)	(1, 5)	(1, 6)
(2, 1)	(2, 2)	(2, 3)	(2, 4)	(2, 5)	(2, 6)
(3, 1)	(3, 2)	(3, 3)	(3, 4)	(3, 5)	(3, 6)
(4, 1)	(4, 2)	(4, 3)	(4, 4)	(4, 5)	(4, 6)
(5, 1)	(5, 2)	(5, 3)	(5, 4)	(5, 5)	(5, 6)
(6, 1)	(6, 2)	(6, 3)	(6, 4)	(6, 5)	(6, 6)

석정이는 나뭇가지로 땅에 이리저리 숫자를 써 가며 상대방이 이길 경우를 따져보았다.

"일단 내 차례니깐 주사위부터 던질게."

석정이는 말이 두 개나 남아 있지만 포기하지 않고 주사위를 머리 위로 힘차게 던졌다.

툭, 툭.

주사위 하나는 1, 다른 하나는 빙그르 돌다가 또 1이 나왔다.

'이런! 말이 두 개나 남아서 갈 길이 바쁜데 합이 2가 나오다니. 할 수 없지. 앞에 있는 말을 우선 두 칸 이동하자.'

석정이는 한숨을 쉬며 검은 말을 두 칸 앞으로 이동했다.

"하하, 두 칸밖에 이동하지 못했네. 이번엔 내가 던질 차례지?

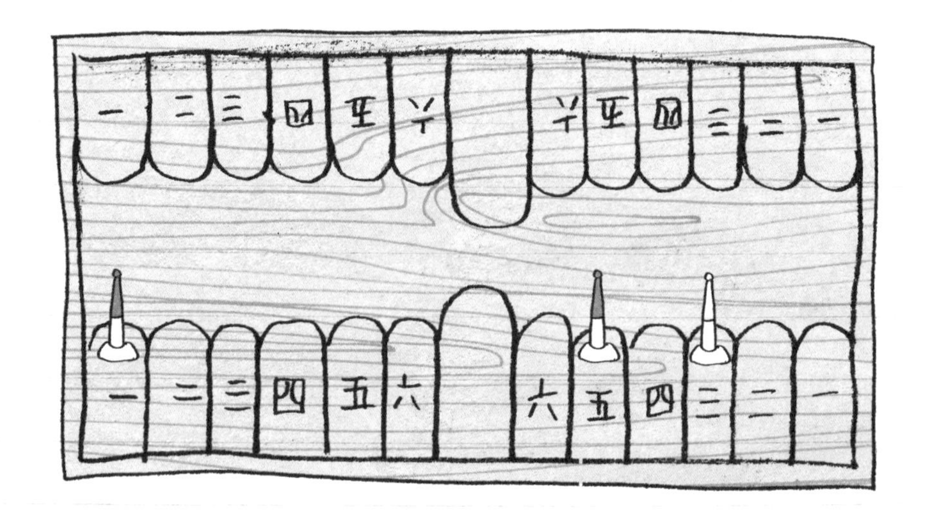

내가 이기면 네 물건은 이제 다 내 것이야."

승리를 확신한 윗동네 아이가 주사위를 하늘 높이 던졌다.

툭, 툭.

윗동네 아이가 던진 주사위가 땅에 떨어졌다. 또다시 하나는 1, 다른 하나도 1이 나왔다.

"이상하네. 내가 던졌다 하면 항상 10 이상이 많이 나왔는데……."

윗동네 아이는 아쉬워하며 흰 말을 앞으로 두 칸 이동했다. 그러자 여기저기서 안도의 한숨이 들렸다.

'어라? 합이 2가 나올 가능성은 서른여섯 가지 중에서 단 한 가지뿐이라 가능성이 굉장히 낮은데 연속으로 두 번이나 왔네. 아직 게임이 끝나지 않아서 정말 다행이야.'

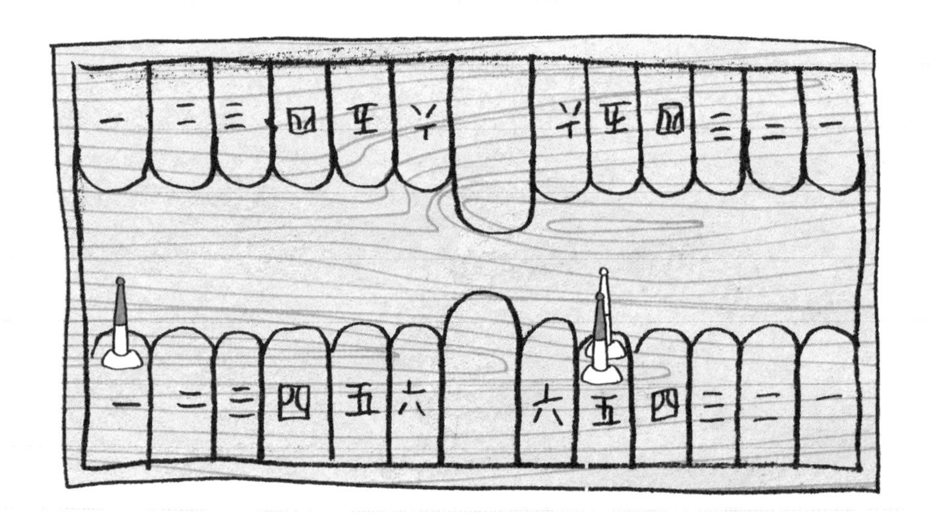

이제 다시 석정이 차례였다. 석정이는 두 주사위를 한 손에 잡고 쌍륙판 위에 있는 말을 뚫어지게 쳐다보았다.

'어? 내 말과 상대방 말이 같은 칸에 있네. 이러면 내가 주사위를 던져 7만 나오면 상대방 말을 잡을 수 있잖아. 그럼 주사위를 던져 7이 나올 경우를 따져 볼까.'

석정이는 또다시 땅에다 숫자를 끄적였다.

'음, 총 서른여섯 가지 중에 두 주사위의 합이 7이 나올 경우는 (1, 6) (2, 5) (3, 4) (4, 3) (5, 2) (6, 1) 이렇게 총 여섯 가지구나. 아직은 희망이 있어.'

석정이는 조마조마한 마음으로 손에 쥐고 있던 두 주사위를 힘차게 던졌다.

두 주사위의 합이 7인 경우 (주사위1, 주사위2)

(1, 1)	(1, 2)	(1, 3)	(1, 4)	(1, 5)	**(1, 6)**
(2, 1)	(2, 2)	(2, 3)	(2, 4)	**(2, 5)**	(2, 6)
(3, 1)	(3, 2)	(3, 3)	**(3, 4)**	(3, 5)	(3, 6)
(4, 1)	(4, 2)	**(4, 3)**	(4, 4)	(4, 5)	(4, 6)
(5, 1)	**(5, 2)**	(5, 3)	(5, 4)	(5, 5)	(5, 6)
(6, 1)	(6, 2)	(6, 3)	(6, 4)	(6, 5)	(6, 6)

빙그르르.

땅에 떨어져 돌던 주사위 하나는 또다시 1, 나머지 주사위 하나가 멈추려는 순간 석정이는 눈을 질끈 감았다.

'합이 7이 되려면 반드시 6이 나와야 하는데…….'

눈을 꼭 감은 석정이는 수학 수행평가를 본 일이 떠올랐다.

'수행평가에 장난을 쳐서 지금 벌을 받나 보다. 그래도 이제라도 답을 알게 되어서 다행이야.'

문제 ❶ 주사위 2개를 굴려 나올 수 있는 경우를 모두 쓰세요.

집에서 굴려 볼게요.

문제 ❷ 문제 ❶에서 나온 경우 중 합이 10 이상인 경우는 몇 가지인가요?

아직 안 굴려 봐서 몰라요.

석정이는 지난 수행평가에 장난스럽게 답을 써서 선생님에게 혼났던 일을 깊이 반성했다.

"우와!"

큰 함성에 눈을 떠 보니 주사위는 6이었다.

"아싸! 합이 7이네. 이제 흰 말을 잡을 수 있어."

석정이는 기뻐하며 뒤에 있는 검은 말을 앞으로 일곱 칸 이동하고 상대방 말을 쌍륙판 밖으로 내보냈다.

이후에도 서로 앞서거니 뒤서거니 했지만 결국 석정이의 승리로 시합은 끝났다.

"내가 쌍륙놀이를 지다니……. 넌 이 놀이가 처음이라면서 제법이구나. 약속대로 제기는 돌려줄게. 그리고 여기 쌍륙놀이도 가져가"

윗동네 아이는 패배를 인정하고 가지고 있던 제기와 쌍륙놀이를 석정이에게 주었다.

"그래, 제기 돌려줘서 고마워. 그럼 우리 지금부터 쌍륙놀이를 같이 재미있게 해 보자."

석정이의 승리로 홍찬이와 동네 아이들은 빼앗긴 제기를 돌려받을 수 있었다. 제기를 돌려받은 동네 아이 모두 석정이에게 고마움을 표시했다.

석정이는 윗동네 아이들과 동네 아이들을 모아 놓고 쌍륙놀이를 하면서 오늘 자신이 생각한 '가능성'에 대해 설명해 주었다. 매일 하던 스마트폰 게임이 생각나지 않을 만큼 석정이는 친구들과 수학 이야기를 나누는 것이 무척 즐거웠다.

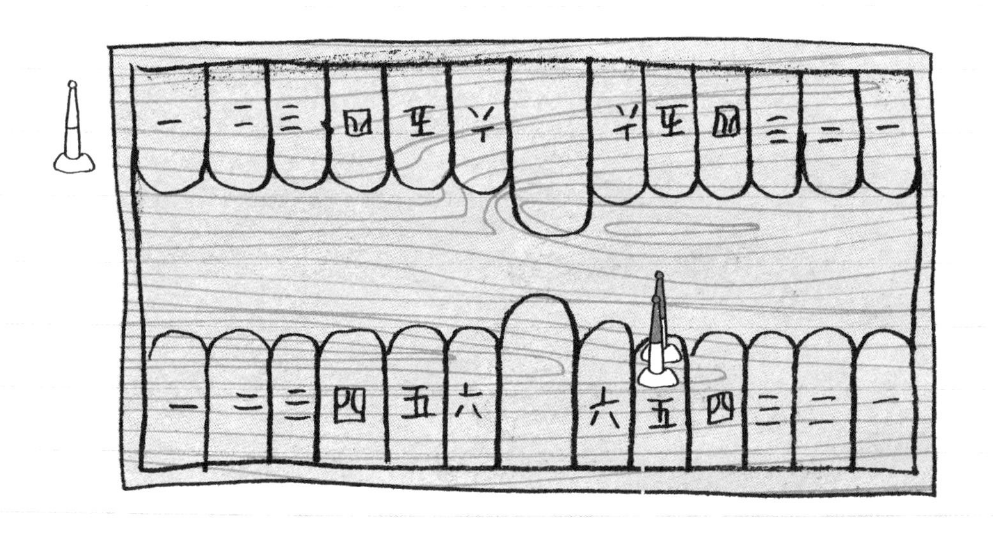

어느새 시간이 흘러 주변이 어두워졌다. 그때 봇짐 안에 있던 스마트폰에서 알림음이 들렸다.

쌍륙놀이에서 두 주사위를 던져 나오는 수의 가능성을
생각하여 문제를 풀었습니다.

2단계 통과입니다.

- 수수께끼 맨

'조선시대에 나 혼자 왔을 가능성은 어떻게 될까? 살던 시대로 다시 돌아갈 가능성은 어떻게 될까?'

이런저런 생각을 하던 중에 갑자기 엄마가 했던 말이 떠올랐다.

"석정이가 스마트폰 안 하고 공부할 가능성보다 치킨이 맛없을 가능성이 더 높겠다."

석정이의 일기장

가능성이란?

가능성은 어떤 일이 일어나기를 기대할 수 있는 정도를 말한다.

살던 시대로 돌아갈 가능성은?

총 여덟 문제 중 두 문제를 풀었으니 돌아갈 가능성은 아직 반도 되지 않는다.

석정이가 다니는 학교는 5학년이 네 반으로 나뉘어 있다. 네 반이 서로 한 번씩 피구 경기한다면 총 몇 번을 해야 할까?

동전을 던졌을 때 앞면이 나올 가능성은?

윗동네 아이는 자신이 2개의 주사위를 던질 때면 항상 합이 10 이상으로 나온다고 생각했다. 즉, 10 이상이 나올 것을 확실한 일이라고 여긴 것인데, 그 가능성을 수로 나타내면 1이다. 그러나 실제로 윗동네 아이가 주사위를 던질 때 항상 10 이상이 나올 리는 없다.

이렇듯 가능성이 1인 경우를 제외하면 가능성이 높다고 해서 반드시 그 일이 일어나는 것은 아니다. 말 그대로 그 일이 일어날 것이라는 기대가 높을 뿐이다.

아이들이 동전 던지기 놀이를 하고 있다고 가정해 보자. 지금까지 여섯 번을 던졌는데 모두 앞면이 나왔다. 이제 동전을 던져서 앞면이 나올지, 뒷면이 나올지를 내기한다면 어느 것을 택하는 것이 좋을까?

친구들이 말하는 다음과 같은 이유를 듣고 자기 생각과 비교해 보자.

누가	선택	이유
윗동네 아이	뒷면	동전을 던지면 앞면과 뒷면이 나올 가능성은 반반이거든. 그 말은 이론적으로 열 번을 던지면 다섯 번은 앞면, 다섯 번은 뒷면이 나온다는 거지. 그런데 지금까지 여섯 번 모두 앞면이 나왔잖아. 그러니까 이제 뒷면이 나와 줘야지.
홍찬	앞면	지금까지 여섯 번 계속 앞면이 나왔어. 오늘 운으로 보나, 동전의 모양새로 보나 이 동전은 앞면이 나오기에 유리하게 되어 있단 말이야. 그러니까 다음번에도 당연히 앞면이 나올 거야.
석정	뒷면	이번에 던지는 것은 지금까지 던진 여섯 번과는 전혀 관련이 없으므로 앞면이 나올 가능성 $\frac{1}{2}$, 뒷면이 나올 가능성도 $\frac{1}{2}$이야. 어차피 반반이니까 난 뒷면을 택하겠어.

세 친구의 말이 모두 그럴듯하다. 누구의 설명이 맞는 걸까?

석정이의 말이 수학적으로 맞는 말이다. **동전을 던지는 각각의 사건은 서로 무관하기 때문에 매번 던질 때마다 앞면과 뒷면이 나올 가능성은 반반이다.**

3 윷놀이에 담긴 경우의 수

갈 곳 없는 석정이는 홍찬이 가족에게 자신이 어떻게 이곳에 오게 되었는지 그동안 있었던 일을 모두 말했다. 홍찬이 가족은 미래에서 왔다는 석정이 말에 크게 놀랐지만 사정을 딱하게 여겨 집에 머물러도 좋다고 했다.

석정이는 홍찬이 집에 머물면서 홍찬이 할아버지와 날씨책을 만들고, 홍찬이와 함께 수학 공부도 하고 놀기도 하느라 시간 가는 줄 모르며 지냈다.

어느 날 홍찬이 할아버지가 석정이를 앉혀 놓고 말했다.

"석정아, 네가 아무리 똑똑해도 여기 조선에서 살려면 한자를 알아야겠지. 오늘부터 홍찬이와 함께 서당을 다니면 어떻겠니? 네가

눈에 쓰고 있는 그 요상한 물건이
아무리 한자를 알려 준다고 해도 말
이다."

"그래, 석정아. 같이 서당 다니자. 내가
서당에 가면 너는 심심하잖아."

홍찬이는 석정이와 함께 서당에 갈 수 있다는 생각에 기뻤다.

때마침 얼마 전 빼앗긴 제기를 돌려받은 동네 아이들이 홍찬이
집으로 찾아왔다.

"홍찬아, 석정아. 서당에 같이 가자. 오늘 어머니께서 옥수수 삶

아 주셨어."

"좋아! 나도 책에서만 보던 서당에 가 보고 싶어. 서당에서 개도 키우니?"

석정이는 사회 시간에 배운 서당을 직접 볼 수 있다는 생각에 들떴다.

"흰둥이가 있지."

홍찬이가 마당에 있는 누렁이를 바라보며 대답했다.

"그럼 서당 개가 정말로 풍월을 읊는지 봐야겠다."

석정이가 누렁이를 쓰다듬으며 말했다.

"뭐라고? 개가 풍월을 읊는다고?"

동네 아이들은 석정이의 말을 이해하지 못하는 눈치였다.

"속담에 '**서당 개 3년에 풍월을 읊는다**'라는 말이 있어. 즉, **어떤 일을 오랫동안 보고 듣게 되면 그 일에 대한 지식을 갖추게 된다는 뜻**이야."

석정이는 동네 아이들에게 속담의 의미를 자세히 설명해 주었다.

"아, 그런 뜻이구나. 난 서당 개가 진짜 풍월을 읊을 줄 안다고 생각했지. 석정아, 너도 봇짐 챙겨야지."

홍찬이가 자신의 봇짐을 챙기며 말했다.

석정이는 동네 아이들과 함께 시끌벅적 떠들며 마을 어귀에 있는 서당을 향해 걸어갔다.

"석정아, 서당에서는 훈장님 말씀을 잘 들어야 해."

홍찬이는 작은 목소리로 석정이에게 말했다.

"알았어. 학교에서도 선생님 말씀은 잘 들었……."

석정이는 말을 끝맺지 못했다. 문뜩 떠오르는 장면이 있었기 때문이다.

"석정아, 이 문제 다시 풀어 볼까?"

선생님이 석정이를 보며 말했다.

"이제 그만하면 안 될까요? 여러 번 풀었는데도 모르겠어요."

석정이는 엉덩이를 쭉 빼고 엉거주춤 서서 말했다.

"그럼 한 번만 다시 풀어 보자."

선생님은 석정이를 바라보며 단호하게 말했다. 분수 덧셈을 잘 못하는 석정이는 수학 문제도 싫고, 그 문제를 풀라고 하는 선생님도 얄미웠다. 석정이의 눈길이 옆에 앉은 수학왕 짝꿍의 공책으로 향했다.

'짝궁은 어떻게 풀었지? 아, 답이 3이구나. 그래, 나도 3이라고 써서 얼른 검사받고 쉬는 시간에 운동장으로 나가 놀아야지.'

"선생님, 3이 나왔어요."

"문제를 빨리 풀었네. 왜 3이 되는지 설명……. 석정아!"

"선생님, 저는 수학은 해도 안 돼요. 그냥 포기할래요."

석정이는 선생님 말을 끝까지 듣지도 않고 종이 치자마자 운동장으로 달려 나갔다.

수학을 싫어하는 석정이를 볼 때마다 선생님은 안타깝기만 했다.

"'**천 리 길도 한 걸음부터**'라고 했는데……."

저 멀리 사라져 가는 석정이를 바라보며 선생님이 혼잣말했다.

"천 리 길도 한 걸음부터라고요?"

옆에서 듣고 있던 석정이 짝꿍이 물었다.

"그렇단다. 1,000리는 약 392.7km에 해당하는데 보통 먼 거리를 의미하는 말이야. **머나먼 길을 가더라도 처음 한 걸음, 즉 시작하는 것이 중요하다는 뜻**이지. 그런데 우리 석정이는 한 발 내딛는 것조차 힘든가 보구나."

선생님이 한숨을 쉬며 대답했다.

"아, **비슷한 속담으로 '시작이 반이다'**라고 하던데, 그렇다면 저는 천 리 중에서 반은 온 셈이네요!"

석정이 짝꿍이 선생님을 바라보고 웃으며 말했다.

"석정아!"

누군가 자기 이름을 부르는 소리에, 생각에 잠겼던 석정이는 깜짝 놀라 뒷걸음쳤다. 하얀 한복을 입고 턱수염을 길게 기른 훈장님이 석정이 앞에 떡하니 서 있었다.

"네가 석정이로구나. 홍찬이 어머님께 네가 온다는 이야기를 들었다."

"안녕하세요."

석정이는 처음 보는 훈장님을 천천히 위아래로 살펴보며 공손하게 인사했다.

"서당 아이들이 네가 그렇게 영특하다고 말하던데 기대가 되는구나. 그런데 얼굴에 쓰고 있는 것은 무엇이더냐?"

'훈장님은 스마트 안경을 모르실 텐데 어쩌지…….'

석정이는 안경을 만지작거리며 대답하지 못했다.

“서당에서는 그런 요상한 것은 쓰지 말거라.”

“네…….”

석정이는 훈장님 말씀에 따라 쓰고 있던 스마트 안경을 벗어 봇짐에 넣었다.

“아, 잠시 챙겨 올 것이 있어 안쪽 방에 다녀올 테니 너희는 어제 배운 한자를 복습하고 있거라.”

한참 뒤, 훈장님은 헛기침을 하면서 서당 교실로 들어왔다. 그런데 석정이가 보기에 훈장님 턱수염과 윗도리에 반짝이는 무언가가 묻어 있었다.

"훈장님, 턱수염과 윗도리에 뭐가 묻었어요."

석정이가 반짝이는 것을 가리키며 말했다.

"어허, 이 녀석. 공부나 할 것이지. 날씨가 더워서 땀이 흐른 것이니라."

"아니에요. 땀은 분명 아닌 것 같아요."

석정이는 훈장님의 말이 틀렸다고 확신했다.

"어허, 이 녀석. 훈장님이 그렇다면 그런 것이지."

훈장님이 다시 안쪽 방으로 들어갔다. 아이들은 훈장님이 일어난 자리에서 영롱하게 빛나는 것을 유심히 살펴보았다.

"이게 뭐야? 끈끈한데."

"저번에도 본 적 있어. 이건 말이야, 꿀이야."

한 아이가 반짝이는 것을 손가락으로 찍어 맛을 보며 말했다.

훈장님이 다시 들어오자 아이들은 조용히 글씨 쓰기 연습을 했다. 매일 아침 한자 학습지를 공부했던 석정이는 기억을 더듬어 가며 한자를 소리 내어 읽었다.

"한 일, 두 이, 석 삼, 넉 사, 오징어, 육개장, 칠면조."

"석정이, 이 녀석! 오징어, 육개장, 칠면조라니? 석정이가 오니 다른 아이들도 수업에 집중을 못 하는구나. '미꾸라지 한 마리가 온 웅덩이를 흐려 놓는다'더니."

훈장님이 인상을 찌푸리고는 석정이를 바라보며 말했다.

"아닙니다, 훈장님. 저는 미꾸라지가 아니라 까마귀입니다."

"그게 무슨 소리더냐?"

"제가 새로 와서 아이들이 집중을 못 하는 것이 아닙니다. 제가 온 것과 아이들이 집중을 못 하는 것이 **함께 일어날 가능성은 매우 낮은데, 공교롭게도 동시에 일어나서 의심받는 것**입니다. 이것을 속담으로 '**까마귀 날자 배 떨어진다**'라고 합니다."

"허허, 고 녀석."

훈장님은 입가에 엷은 웃음을 지으며 석정이를 바라보았다.

"훈장님, 제가 와서 아이들이 집중을 못 하는 게 아니라는 것을 꼭 보여 드리고 싶습니다."

"좋다, 그렇다면 내가 몇 가지 문제를 내어 볼 테니 석정이 네가 풀어 보거라. 그동안 모두 조용히 한자 공부를 하고 있거라."

훈장님은 석정이에게 낼 문제를 준비하러 밖으로 나갔다.

미꾸라지 한 마리가 온 웅덩이를 흐려 놓는다

한 사람의 행동 때문에 그 사람이 속한 단체가 전체가 피해를 보는 경우에 쓰이는 속담이다. 비슷한 뜻을 지닌 속담으로는 "어물전 망신은 꼴뚜기가 시킨다"가 있다.

"석정아, 너 어쩌려고 그래?"

홍찬이가 걱정스러운 눈빛으로 보며 말했다.

"걱정 마, 내가 꼭 맞힐 거야. 모 아니면 도 아니겠니?"

"모 아니면 도? 문제를 맞히거나 못 맞히거나. 맞힐 가능성도 반, 틀릴 가능성도 반이라는 거지?"

홍찬이는 윷놀이가 생각나 웃으며 말했다.

"홍찬아, 너 혹시 지금 윷놀이에서 모가 나올 가능성이 $\frac{1}{2}$, 도가 나올 가능성이 $\frac{1}{2}$이라고 생각하는 건 아니지?"

"아닌가? 음, 윷놀이는 도, 개, 걸, 윷, 모로 다섯 가지니까. 그럼, 각각 $\frac{1}{5}$씩인 건가?"

석정이에게 분수를 배운 홍찬이가 머릿속으로 계산하며 대답했다.

"**'모 아니면 도'라는 말은 일이 잘되거나 안되거나 둘 중 하나라는 뜻이지.** 윷의 가장 높은 점수와 낮은 점수를 이용해 비유적으로 나타낸 거야. 사실 윷가락에는 비밀이 있어. 윷가락은 등과 배로 되어 있잖아. 이렇게 말이야."

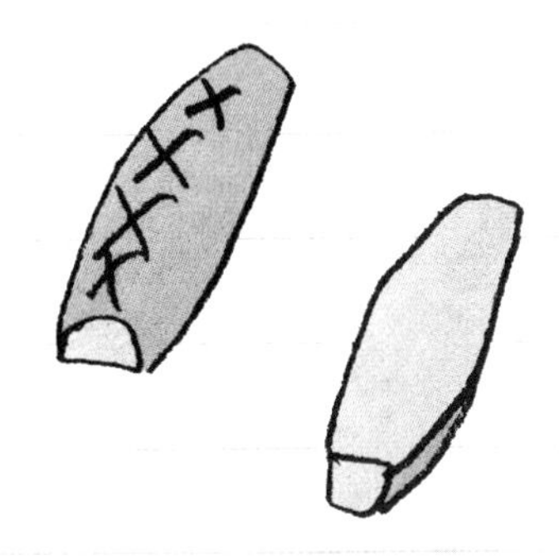

석정이는 책에 윷가락을 그리며 설명을 이어갔다.

"즉, 윷가락 하나에서 나올 수 있는 것은

등과 배 두 가지야. 그런데 윷가락은 총 4개잖아. $2\times2\times2\times2=16$. 윷가락 4개를 던져서 나올 수 있는 경우는 총 열여섯 가지라고 할 수 있지. 홍찬아, 윷가락을 던져서 나오는 모든 경우를 표로 만들어 볼래?"

윷가락을 던졌을 때 나오는 모든 경우

도

(등, 등, 등, 배) (등, 등, 배, 등)
(등, 배, 등, 등) (배, 등, 등, 등)

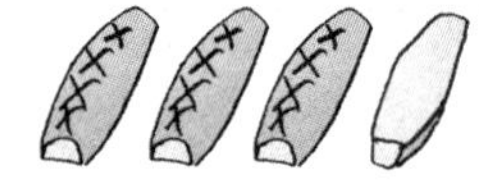

개

(등, 등, 배, 배) (등, 배, 등, 배) (등, 배, 배, 등)
(배, 등, 등, 배) (배, 등, 배, 등) (배, 배, 등, 등)

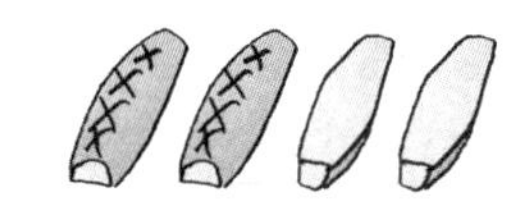

걸

(등, 배, 배, 배) (배, 등, 배, 배)
(배, 배, 등, 배) (배, 배, 배, 등)

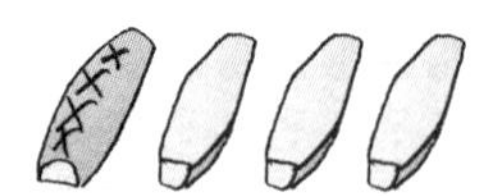

윷

(배, 배, 배, 배)

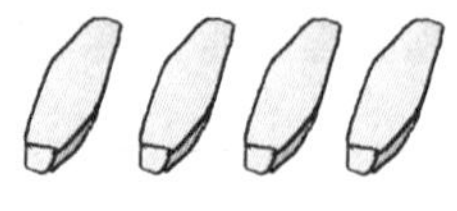

모

(등, 등, 등, 등)

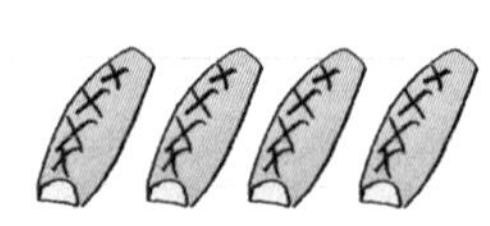

옆에서 잠자코 듣고 있던 홍찬이는 석정이가 말한 대로 표를 완성했다.

"잘했어. 그럼 이번엔 도, 개, 걸, 윷, 모가 나오는 경우를 각각 표시해 보겠니?"

석정이의 질문에 홍찬이가 표시를 하며 대답했다.

"총 열여섯 가지 중에서 도는 네 가지, 개는 여섯 가지, 걸은 네 가지, 윷은 한 가지, 모도 역시 한 가지네, 그러니까 윷을 한 번 던질 때 도, 개, 걸, 윷, 모가 나올 가능성은 각각 $\frac{4}{16}$, $\frac{6}{16}$, $\frac{4}{16}$, $\frac{1}{16}$, $\frac{1}{16}$이구나. 어쩐지 윷놀이를 할 때 윷이랑 모는 잘 안 나왔던 것 같아."

홍찬이의 대답에 다른 친구들도 고개를 끄덕였다.

그때 서당 맨 앞에 앉아서 석정이 쪽으로 눈길 한번 주지 않던 한 여자아이가 인상을 쓰며 말했다.

"석정아, 네가 아이들을 모아 놓고 말도 안 되는 내용을 설명하고 있구나. 쌍륙놀이를 산학적으로 이겼다고 하던데 그 말도 다 거짓이겠네."

"뭐라고? 산학이라고?"

'아, 여기서는 수학을 산학이라고 부르나 보구나.'

석정이는 조선시대의 산학이 오늘날의 수학과 같다는 것을 알게 됐다.

"그런데 넌 이름이 뭐니?"

"내 이름은 예진이야. 나도 너처럼 산학 문제를 푸는 것을 좋아하지."

"그런데 예진아, 네 말이 무슨 뜻이야? 내 말이 거짓이라니?"

석정이는 예진이가 한 말이 이해되지 않았다.

"석정아, 네 말대로 내가 윷가락을 던져 볼게."

예진이는 윷가락 4개를 힘차게 던졌다. 바닥으로 떨어진 윷가락은 도가 나왔다.

"모두 잘 봐. 내가 던진 윷가락이 도가 나왔지? 석정이 말대로라면 내가 윷가락을 열여섯 번 던지면 그중에 네 번은 도가 나와야 하는 거야. 자, 그럼. 얏!"

예진이는 연속해서 윷가락을 열네 번 더 힘차게 던졌다.

"자, 내가 지금까지 윷가락을 열다섯 번 던졌는데 그중에 도가 세 번 나왔어. 석정이 말대로라면 도가 나올 가능성은 $\frac{4}{16}$, 이미 도가 세 번 나왔으니 내가 마지막으로 윷가락을 던지면 반드시 도가 나와야지. 내 말이 맞지?"

예진이는 자신 있게 아이들에게 말했다.

"맞네. 열다섯 번 중에 도가 세 번 나왔으니 마지막에는 반드시 도가 나올 거야."

예진이 말에 많은 아이가 동의했다.

석정이는 예진이와 아이들을 가만히 지켜만 보았다.

"그럼 이제 마지막 윷가락을 던질게. 잘 봐."

예진이는 윷가락을 하늘 높이 던졌다. 떨어진 윷가락은 이번에는 개를 만들었다.

"석정아, 이것 봐. 네가 도가 나올 경우는 열여섯 번 중에 네 번이라고 했는데 도가 세 번만 나왔잖아."

예진이는 석정이를 바라보며 비웃듯이 이야기했다. 지금까지 가만히 지켜만 보던 석정이가 입을 열었다.

"설마 윷가락을 연속해서 열여섯 번 던지면 항상 도가 네 번 나올 거라고 생각한 거니?"

"석정이 네가 도가 나올 가능성이 $\frac{4}{16}$라고 했으니 그런 거지."

예진이는 의기양양하게 대답했다.

"내가 말한 도가 나올 가능성이 $\frac{4}{16}$라는 것은 윷가락을 연속해서 열여섯 번 던질 때 항상 도가 네 번 나온다는 뜻이 아니야."

석정이 말을 듣던 서당 아이들 모두 그 말을 이해하지 못했다. 석정이는 말을 이어갔다.

"다시 말하면 앞에 던진 윷놀이의 결과가 뒤에 던질 결과에 전혀 영향을 주지 않는다는 것이지. 그래서 윷가락을 열다섯 번 던져서 도가 세 번 나왔다고 해도, 열여섯 번째에 반드시 도가 나온다고 생각하는 건 잘못된 생각이야."

"그럼 **도가 나올 가능성이 $\frac{4}{16}$라는 것**은 어떤 의미인데?"

예진이가 석정이 말에 바로 반문했다.

"내가 말한 $\frac{4}{16}$는 **매번 윷가락을 던질 때마다 도가 나올 가능성이 $\frac{4}{16}$라는 거야**. 방금 윷가락을 열여섯 번 던졌을 때 매번 도가 나올 가능성이 $\frac{4}{16}$였던 거지."

석정이는 윷가락을 가리키며 천천히 설명했다.

"아, 그래서 내가 예전에 윷놀이를 할 때 윷이 연속으로 세 번 나

실제로 윷가락을 던졌을 때의 가능성은?

여기서 살펴본 윷놀이의 도, 개, 걸, 윷, 모가 나올 가능성은 윷가락의 등과 배가 나올 가능성이 반반이라고 가정했을 때의 가능성이라는 사실에 주의해야 한다.

정육면체 모양의 주사위는 각 면이 동일한 조건이라 한 번 던질 때 여섯 면이 나올 가능성이 같지만, 윷은 등과 배가 나올 가능성이 다르기 때문에 실제로 윷놀이를 할 때 기대되는 가능성과 차이가 있다.

와서 이길 수 있었어. 윷가락을 던질 때마다 윷이 나올 가능성이 $\frac{1}{16}$밖에 안 되는데 연속해서 세 번이나 나왔으니 정말 운이 좋았던 거네."

한 남자아이가 예전에 했던 윷놀이를 떠올리면서 말했다. 다른 서당 아이들 역시 윷놀이를 했던 자신의 경험담을 서로 나누었다.

"석정아, 내가 잘못 생각했구나. 미안해."

예진이가 머리를 긁적이며 석정이게 말했다.

"괜찮아. 나도 처음엔 그렇게 생각했는걸."

석정이 말이 끝나자 때마침 훈장님께서 들어오셨다.

"이게 무슨 소란이냐. 아니, 석정이 이 녀석. 하라는 한자 공부는 하지 않고 윷놀이를 하고 있었구나. 이 미꾸라지 같은 녀석!"

석정이의 얼굴을 바라보는 훈장님의 얼굴이 붉으락푸르락해졌다.

"이 녀석아, 이러고도 네가 까마귀냐, 미꾸라지냐. 내가 널 시험하기 위해 문제를 준비해 왔다. 네가 문제를 풀고 정답을 말할 수 있으면 너는 까마귀도 미꾸라지도 아니고 용이다."

"네?"

고개 숙인 석정이는 훈장님의 말씀을 바로 이해하지 못했다.

"'개천에서 용 난다'라는 속담이 있지. 바로 너같이 자기 이름만 겨우 한자로 쓸 수 있는 아이가 내가 준비한 어려운 문제를 풀 수 있다고 하니 말이다. 자, 그럼 내가 내는 문제를 풀어 보거라."

말이 끝나자마자 훈장님은 콩이 담긴 큰 자루를 끙끙대며 끌고 왔다. 그러고는 집에 갈 때까지 자루 안에 있는 콩의 개수를 모두 세어 알아맞히면 된다고 했다.

"훈장님, 산학 문제도 아니고 콩의 개수를 세어야 한다니요. 너무하십니다."

석정이는 훈장님이 낸 문제를 듣고 당황했다.

개천에서 용 난다

열악한 환경이나 조건에 속한 사람이 엄청난 노력으로 큰 성공이나 대단한 업적을 이루는 경우를 뜻하는 속담이다. 비슷한 뜻을 지닌 사자성어로 자수성가가 있다.

‘저 콩을 다 셀 때까지 잠잠하겠구먼. 잠시 안방에 가서 몰래 꿀을 좀 더 먹고 와야겠다.’

훈장님은 달콤한 꿀을 먹을 생각에 입꼬리가 살며시 위로 향했다.

‘어떡하지. 훈장님이 나를 골탕 먹이려고 이런 문제를 내신 걸 거야. 근데 텔레비전에서 이런 문제 푸는 영상을 본 것 같은데……. 아, 그래!’

석정이는 무언가 떠올라 훈장님에게 말했다.

“훈장님, 그럼 문제를 풀기 위해 국그릇 하나와 이 콩 자루만 한 빈 자루도 하나 가져다주세요.”

훈장님은 바로 국그릇과 자루를 건네줬다. 석정이는 국그릇에 콩을 담더니 그 안에 담긴 콩의 개수를 세고는 10분도 안 돼서 크게 외쳤다.

“다 세었어요!”

서당 안에 있던 사람들 모두 눈이 휘둥그레져서 석정이를 쳐다보았다.

“석정아, 정말이야? 어떻게 국그릇 안에 있는 콩만 세고 저 큰 자루에 담긴 콩의 개수를 모두 알 수 있단 말이야?”

홍찬이가 놀란 눈으로 석정이를 바라보며 말했다.

“이건 마치 ‘**바지랑대로 하늘 재기**’ 같은데.”

예진이도 석정이를 바라보며 말했다.

"뭐라고?"

"빨랫줄을 받치는 데 사용하는 장대로 하늘의 높이를 잰다는 뜻으로, **도저히 이룰 수 없는 불가능한 일을 말하는 거야.** 이 문제를 도저히 풀 수 없다는 뜻이지."

수학에 강한 예진이도 이 문제는 풀지 못하는 것 같았다.

"자, 자, 다들 이리 모여 봐. 내가 쓴 방법을 알려 줄게."

석정이가 국그릇과 자루를 들고 설명을 시작했다.

"이렇게 국그릇에 콩을 가득 담고 위를 평평하게 하는 거야. 그

러고 나서 국그릇 안에 담긴 콩을 모두 세는 거지. 세어 보니 220개가 들어 있더라고. 즉, 국그릇 하나에 220개 정도의 콩이 담긴다고 말할 수 있지. 이렇게 자루에 있는 콩을 차례대로 국그릇에 담고 위를 평평하게 해서 다른 자루에 옮기면 대략 열 번 만에 전부 옮길 수 있어."

석정이의 설명을 잠자코 듣고 있던 예진이가 말했다.

"그럼 네 말은, 한 번에 콩이 220개씩 담기는 그릇으로 열 번을 옮기니까 $220 \times 10 = 2,200$. 그래서 콩이 모두 2,200개라는 뜻이구나."

"예진이는 역시 대단해. 산학 계산도 잘하는구나. 하지만 그렇다고 콩의 개수가 정확하게 2,200개라고 말할 수는 없어. 약간의 차이가 있을 수 있지."

석정이의 말을 숨죽여 듣던 아이들은 말이 끝나자마자 박수를 크게 쳤다. 사실 얼마 전에도 훈장님이 똑같은 문제를 냈지만 아무도 맞힌 사람이 없었기 때문이다.

훈장님은 자리에서 일어나 석정이를 꽉 안으면서 말했다.

"내 생전에 이렇게 영특한 제자를 만나다니. 네가 정말 용이구나. 내가 낸 문제를 아무도 맞히지 못할 거라고 생각했는데. 석정이 너 정말 대단하구나."

석정이가 훈장님을 향해 공손하게 손을 모으고 고개를 꾸벅 숙이며 말했다.

“훈장님, 고맙습니다. 저는 선생님께 이렇게 칭찬받아 본 적이 없어요. 칭찬해 주셔서 정말 고맙습니다. 앞으로는 예의 바르게 행동하겠습니다.”

석정이의 말에 훈장님은 기분이 좋았지만 아이들 몰래 혼자만 꿀을 먹은 것이 마음에 걸렸다.

“내가 너희에게 좋은 것을 나누어 주마. 오늘 이렇게 공부한 것처럼 산학은 달콤한 것이란다. 자, 여기 꿀이다. 실컷 먹도록 해라.”

“우와, 훈장님 고맙습니다!”

아이들은 신이 나서 하나둘 꿀을 먹기 시작했다. 그 순간 석정이의 스마트폰에서 진동이 울렸다.

자루에 담긴 콩의 개수를 세는 문제를 잘 풀었습니다.

3단계 통과입니다.

- 수수께끼 맨

석정이는 훈장님이 주신 꿀을 맛있게 먹는 아이들을 바라보며 다니던 학교의 풍경과 함께 담임선생님의 얼굴을 떠올렸다.

'선생님, 저 이제 여덟 문제 중에 세 문제를 풀었어요. $\frac{3}{8}$. 이제 다섯 문제만 더 풀면 돼요. 학교로 돌아가면 정말 선생님 말씀 잘 들을게요. 선생님, 친구들 모두 보고 싶어요.'

석정이의 눈에서 반짝이는 눈물이 한 방울 떨어졌다.

석정이의 일기장

윷놀이에서 가능성이란?

윷놀이에서 윷을 던질 때 나올 수 있는 경우는 도, 개, 걸, 윷, 모 총 다섯 가지다. 도가 나올 가능성은 $\frac{4}{16}$, 개가 나올 가능성은 $\frac{6}{16}$, 걸이 나올 가능성은 $\frac{4}{16}$, 윷과 모가 나올 가능성은 각각 $\frac{1}{16}$이다.

다음 중 석정이의 상황을 가장 적절하게 나타낸 말은 무엇일까?

① 석정이는 현재까지 전체 문항 중에서 $\frac{5}{8}$을 풀었다.

② 석정이가 가위바위보에서 가위를 낼 가능성은 $\frac{2}{3}$이다.

③ 석정이가 동전을 던져 앞이 나올 가능성은 $\frac{1}{3}$이다.

④ 석정이는 현재까지 전체 문항 중에서 $\frac{3}{8}$을 틀렸다.

⑤ 석정이는 현재까지 전체 문항 중에서 $\frac{3}{8}$을 풀었다.

마방진으로 만나는 세상

"아, 귀여워."

석정이와 홍찬이가 서당에 와서 제일 먼저 하는 일은 훈장님이 서당 뒤편에서 키우는 거북이에게 먹이를 주는 일이다.

"홍찬아, 우리 오늘은 수업 마치고 거북이 한번 더 보고 갈까?"

석정이는 수업에 들어가면서 거북이를 혼자 두고 가는 것이 마음에 쓰였다.

"그래, 좋아."

석정이처럼 거북이랑 헤어지는 것이 아쉬운 홍찬이는 거북이랑 함께 지낼 수 있는 방법이 없을까 곰곰이 생각해 보았지만, 도저히 뾰족한 수가 떠오르지 않았다.

"석정아, 서당 안에서 거북이와 함께 공부해도 되는지 훈장님께 여쭤 볼까?"

"글쎄, 훈장님이 허락해 주실까?"

"그렇지? 허락해 주시지 않을 것 같아."

석정이는 훈장님의 얼굴을 떠올리며 고개를 저었다.

"그럼 공부 끝나고 종이에 거북이를 그려 볼까? 그림이라도 그려서 데리고 다니자."

홍찬이는 거북이를 서당 안으로 데려가지 못하는 아쉬움을 그림으로라도 달래려 했다. 석정이와 홍찬이는 거북이에게 손을 흔들고 서둘러 서당 안으로 들어갔다.

오늘은 훈장님이 중국에서 가져온 책을 보여 주기로 한 날이었다. 석정이는 중국에서 가져온 책이라고 하니 모르는 한자가 많을까 봐 잔뜩 긴장했다. 아이들은 훈장님이 무겁게 들고 온 책을 신기하게 쳐다보았다.

"석정아, 처음부터 끝까지 쭉 넘겨 봐. 아는 글자가 몇 개나 있니?"

홍찬이가 책 한 권을 손에 들고 석정이에게 보여 주며 말했다.

석정이는 한 장 한 장 천천히 넘기며 아는 글자가 있는지 찾아보았다. 엄마의 설득으로 하기 싫은 한자 학습지를 아침마다 풀지만 석정이 눈에는 대부분 낯설고 어려운 글자뿐이었다.

'스마트 안경을 쓰지 못해서 책에 있는 한자를 대부분 읽을 수가 없네.'

책을 계속 쭉쭉 넘기던 석정이는 갑자기 손을 멈추었다.

'이게 뭐야? 책에 표가 있잖아. 음, 표 안에 적힌 한자는 알고 있는 거라 읽을 수 있겠어. 한번 읽어 볼까?'

석정이는 표 안에 적힌 한자를 하나하나 손가락으로 가리키며 천천히 읽었다.

'넉 사, 아홉 구, 두 이……. 숫자가 한자로 적혀 있구나. 앗, 마지막 칸은 비어 있네. 지워진 건가? 도대체 빈칸에는 어떤 숫자가 들어가는 거지?'

석정이는 빈칸에 자꾸 신경이 쓰였다.

"석정이가 마방진에 관심이 있나 보구나. **마방진은 사각형 모양으로 수를 나열한 표**를 말하는데 그 안에 마법이 들어 있지. 한번 빠지면 헤어 나오기 어려울 정도로 매력적인 마법이지."

턱수염을 쓸던 훈장님이 석정이를 바라보며 말했다.

"마법이요?"

아이들은 놀라서 눈을 동그랗게 뜨고 한목소리로 외쳤다.

"그래, 마법이지. 수를 사각형 모양으로 나열했는데 그 안에 규칙이 들어 있거든."

"어떤 규칙이 있는 거죠?"

"글쎄, 너희가 맞혀 보렴. 그 규칙을 알아내면 빈칸에 어떤 수가 들어가야 하는지도 알게 될 거야."

훈장님 말에 따라 아이들은 수가 들어 있는 표를 이리저리 쳐다보았다. 그러나 규칙을 쉽게 찾아내지 못했다.

"그럼 내가 특별히 아끼는 이 책을 석정이에게 며칠 빌려줄 터이니 한번 풀어 보겠니? 만약 석정이가 맞힌다면 모두에게 맛있는 꿀을 주마."

훈장님은 석정이를 향해 눈을 찡끗했다.

"석정아, 가자."

홍찬이가 어깨를 툭 치며 일어서는 바람에 마방진에 빠져 있던 석정이의 정신이 돌아왔다. 수업이 끝났으니 집으로 돌아가라는 훈장님의 말을 놓칠 정도로 내내 석정이의 머릿속에서는 마방진의 빈칸이 사라지지 않았다.

마방진에 정신이 팔린 석정이가 서당 문지방에 발을 헛디뎌 넘어질 뻔한 것을 홍찬이가 겨우 잡으며 말했다.

"석정아, 조심해야지. 우리 아까 거북이 그리러 가기로 했잖아.

내가 붓도 빌려 왔어."

수업이 끝난 석정이와 홍찬이는 서당 뒤편 연못으로 갔다. 석정이의 한쪽 손에는 훈장님이 건넨 책이 들려 있었다.

'그래, 어차피 책을 계속 들고 있다고 문제가 풀리는 것도 아니고 홍찬이랑 같이 거북이나 그려야겠다.'

둘은 자세히 그리기 위해 거북이를 연못에서 꺼내 돌 위에 올려놓았다.

혹시라도 거북이가 놀랄까 봐 조심조심 살펴보며 그리는 동안, 거북이는 한 발 한 발 훈장님의 책 쪽으로 걸어갔다. 둘은 그것도 모르고 열심히 거북이를 그렸다. 바로 그 순간, 거북이가 훈장님의 책을 입으로 꽉 물었다.

석정이는 다급하게 책을 집어 들었지만 책을 꽉 문 거북이는 책에서 떨어질 줄 몰랐다. 석정이는 거북이를 달래기 위해 무릎에 놓고 등껍질을 쓰다듬다가 깜짝 놀라 말했다.

"홍찬아! 나 마방진 빈칸에 들어갈 답을 이제 알 수 있을 거 같아. 자, 봐 봐."

석정이는 답을 찾은 것에 때문에 흥분했는지 손이 떨렸다. 덜덜 떨리는 손 때문에 놀란 거북이는 등껍질 속으로 쏙 들어갔다. 석정이는 거북이 등을 보며 말했다.

"거북이 등딱지를 자세히 보면 희미하게 점이 새겨져 있어. 마치 무슨 암호 같아. 점 개수도 다 다르고 말이야."

홍찬이는 석정이의 말을 따라 거북이 등딱지를 가까이 들여다보았다. 거북이는 고개를 빼다가 홍찬이를 보고 놀랐는지 다시 등딱지 속으로 쏙 들어갔다.

"등딱지가 아까 훈장님이 보여 주신 책 속 마방진이랑 비슷하게 생겼어. 여기에도 어떤 규칙이 있을까?"

"잘 봐. 점 개수를 세어 보면 윗 줄에 점이 8, 3, 4개가 있어. 다음 줄에는 1, 5, 9개. 각 줄에 있는 세 수를 더하면 모두 15."

"그럼 이번엔 내가 해 볼게. 세로 줄에 있는 8, 1, 6을 더해도 역시 15잖아.”

홍찬이가 등딱지를 바라보며 신난 표정으로 말했다.

“그렇지. 등딱지에 있는 점의 수는 가로세로 어느 방향으로 더해도 전부 같은 수가 나와.”

석정이의 설명을 들으며 홍찬이는 석정이가 그린 표를 뚫어지게 쳐다보았다. 마방진에 적힌 숫자 배열의 비밀을 알게 된 홍찬이는 무릎을 탁치고 거북이와 석정이를 번갈아 껴안았다.

석정이는 이미 훈장님이 주신 책 속 마방진 문제의 답을 알고 있었다.

“위와 같은 방법으로 풀면 빈칸에 들어갈 수는 바로 6이야.”

석정이가 큰 소리로 답을 외쳤다. 그 목소리를 듣고 훈장님이 서당 뒤편으로 나왔다.

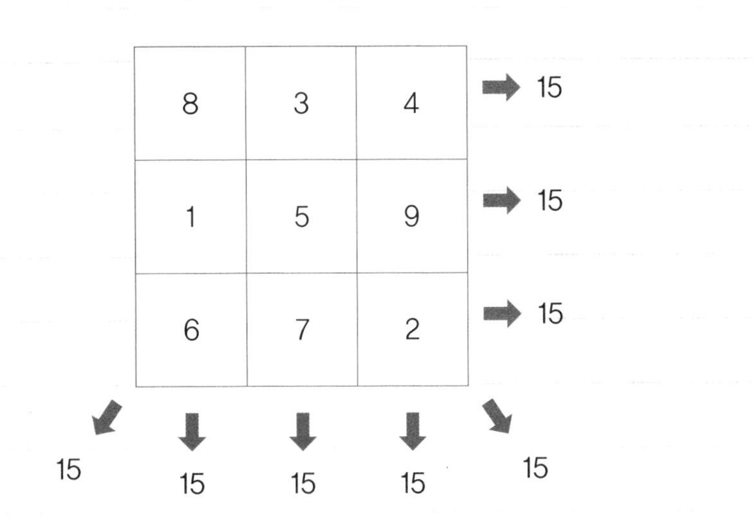

가로세로, 대각선 어느 방향으로 더해도 모두 같은 수가 나온다.

"석정이가 드디어 마방진의 비밀을 풀었구나. 어떻게 알게 된 것이냐?"

석정이는 책을 입에 문 거북이와 실랑이하던 것부터 거북이 등딱지에서 찾은 규칙까지 있었던 일을 모두 훈장님에게 말했다.

그러자 훈장님은 뒷짐을 지고 근엄한 목소리로 마방진에 대해 설명했다.

"마방진의 유래는 중국 하나라 우왕 때로 거슬러 올라가지. 황허강이 계속 흘러넘치는 것을 막기 위해 공사하던 중에 거북이 한 마리가 흘러들었는데, 그 거북이 등딱지에 바로 마방진이 새겨져 있

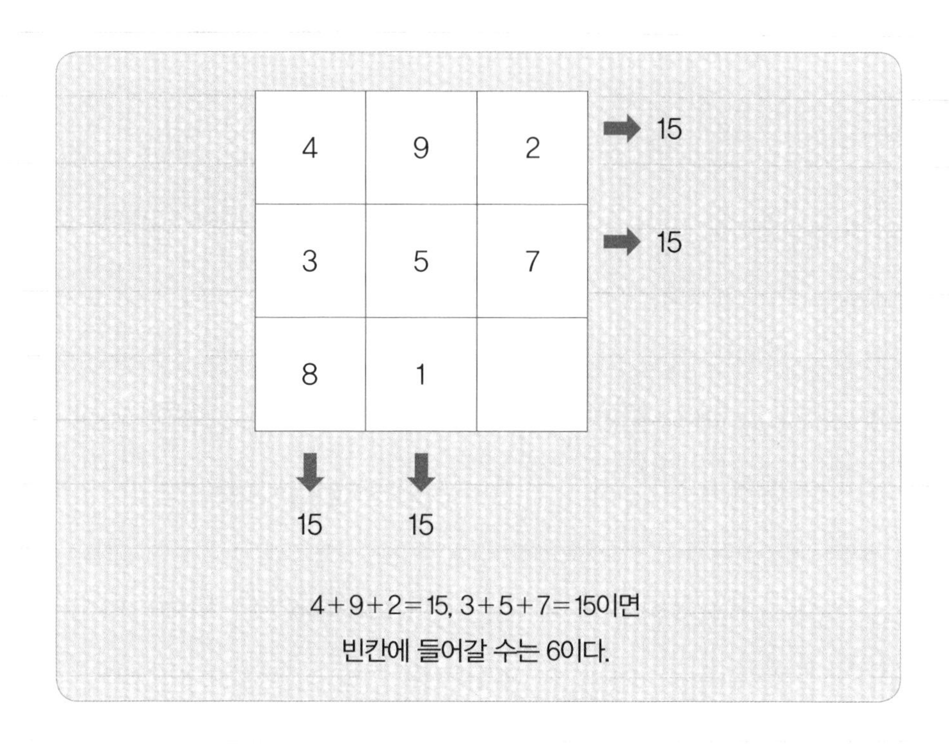

었다고 하더구나. 허허, 우왕 때 발견된 거북이와 같은 무늬를 가진 거북이가 서당 뒤편 연못에도 있었다니 참으로 놀랍구나."

훈장님이 거북이를 손에 들고 마방진이 새겨진 등딱지를 바라보며 말했다.

"무엇보다 쉽게 지나칠 수 있는 등딱지에서 수학 원리를 발견했다는 점이 매우 훌륭하다."

훈장님이 낸 문제를 해결한 석정이와 홍찬이는 다음 날 서당 앞마당에서 친구들과 함께 꿀을 맛있게 나누어 먹었다.

석정이는 친구들에게 마방진의 원리를 알려 주고 함께 마방진 문제를 풀었다. 석정이는 이 시간이 정말 즐거웠지만 한 가지 궁금증이 생겼다.

'가로세로 각각 세 칸으로 된 마방진만 있는 걸까? 가로세로 네 칸으로 된 마방진은 없는 걸까? 그래, 훈장님께 도움을 청해야겠다.'

석정이는 홍찬이에게 자신의 생각을 말하고 함께 훈장님을 찾아갔다.

"훈장님, 저희가 가로세로 세 칸으로 된 마방진 문제를 풀다 보니, 이제는 가로세로를 더 늘린 새로운 마방진 문제도 풀어 보고 싶다는 생각이 들었습니다."

훈장님은 두 제자의 호기심에 흐뭇해하며 말했다.

"너희가 친구들과 마방진 문제를 푸는 모습을 보면서 어쩌면 더 복잡한 문제를 풀고 싶어 하겠다는 생각이 들었다. 그래서 어제 가로세로 네 칸으로 된 마방진 문제를 미리 만들어 보았단다."

"훈장님, 정말 감사합니다."

석정이와 홍찬이는 두 손을 공손히 모으고 훈장님에게 허리 숙여 인사했다.

훈장님이 건넨 마방진 문제는 가로세로가 네 칸씩 총 열여섯 칸으로 되어 있었는데, 이번에는 빈칸이 두 개나 있었다. 홍찬이는 당황한 표정을 짓는 석정이를 바라보며 말했다.

"석정아, 가로나 세로에 수가 모두 차 있는 곳을 더해 보면 전부 34야."

"정말이네. 그럼 빈칸이 있는 곳도 같은 줄에 있는 수를 모두 더해서 34가 되면 되겠다. 그럼 □에 들어가야 하는 수는 13이고, △에는 1이 들어가야 하네."

"이야, 정말 신기하다. 마방진은 어떤 수가 들어갈지 맞히는 재미가 있단 말이지."

석정이와 홍찬이는 서로 바라보며 환한 미소를 지었다.

"훈장님, 그런데 가로세로가 네 칸으로 된 마방진은 어떻게 만드는 거예요?”

새로운 마방진을 만들어 보고 싶은 석정이가 훈장님에게 물어보았다.

“마방진 만드는 방법을 알려 주도록 하마. 우선 가로세로가 세 칸으로 된 마방진은 홀수 마방진, 가로세로가 네 칸으로 된 마방진은 짝수 마방진이라 하지. 이 둘을 활용해 더 큰 수의 마방진도 만들 수 있단다.”

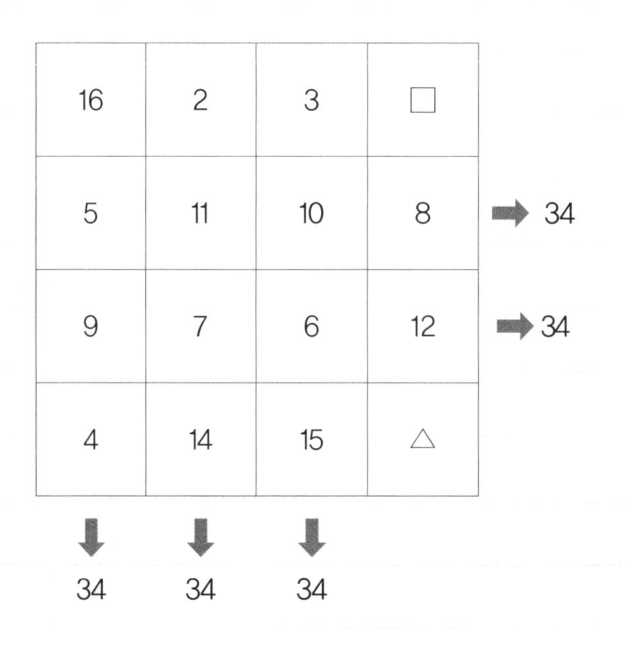

16	2	3	□
5	11	10	8
9	7	6	12
4	14	15	△

□에는 13, △에는 1이 들어가야 한다.

가로세로 세 칸으로 된 마방진을 만드는 방법

① 가로세로 세 칸을 만들 수 있도록 선을 긋는다.

② 아래 그림과 같이 대각선을 긋는다.

③ 대각선을 따라 1부터 9까지의 수를 순서대로 적는다.

④ 노란 칸에만 수를 써야 하기 때문에 중간에 있는 5를 중심으로 왼쪽에 있는 7은 오른쪽 칸에, 오른쪽에 있는 3은 왼쪽 칸에 놓는다.

⑤ 마찬가지로 5를 중심으로 위쪽에 있는 1은 아래 칸에, 아래쪽에 있는 9는 위 칸에 놓는다.

⑥ 이렇게 하면 가로세로 세 칸으로 된 마방진이 완성된다.

※ 완성된 칸에 있는 수는 5를 중심으로 회전시키면 수의 위치가 다양하게 바뀔 수 있다.

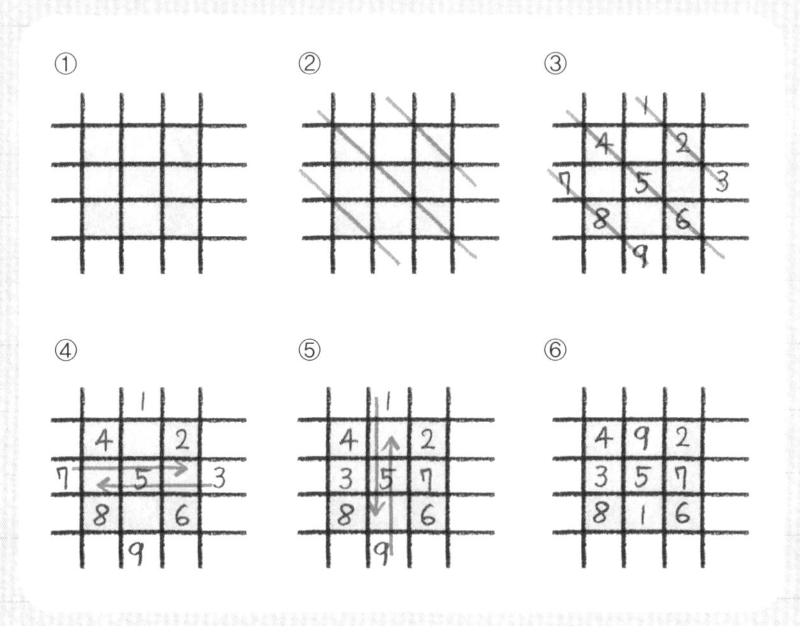

"정말요? 훈장님, 저 정말 마방진 만드는 방법을 알고 싶어요."

석정이가 애절한 눈빛으로 훈장님에게 말했다.

"그럼 이제부터 내 설명을 잘 들어 보거라."

훈장님은 붓으로 한지에 마방진을 그려 가며 석정이와 홍찬이에게 차근차근 설명을 시작했다.

석정이와 홍찬이는 훈장님의 설명을 하나하나 빠짐없이 들었다. 둘은 집으로 돌아와서 함께 여러 개의 수를 배열하여 사각형으로 된 마방진을 만드는 데 열중했다.

'훈장님이 알려 주신 사각형으로 된 마방진 외에 다른 형태는 없을까?'

문득 석정이는 사각형으로 된 마방진에서 벗어나 새로운 형태의 마방진을 만들고 싶었다.

'거북이 등딱지에서 마방진의 원리를 발견했으니 이번에도 등딱지에서 해결책을 찾아보자.'

석정이는 연못에서 본 거북이의 등딱지를 떠올리며 육각형을 그리다가 갑자기 새로운 생각이 떠올랐다.

'여기에 수를 넣어 보면 어떨까? 꼭짓점에 1부터 30까지의 수를 넣고 각 육각형에 놓인 수의 합을 모두 같게 한다면…….'

석정이는 혼자 방 안에서 수를 이리저리 넣어 보느라 밖에서 나는 소리를 듣지 못했다.

가로세로 네 칸으로 된 마방진을 만드는 방법

① 가로세로 네 칸을 만들 수 있도록 선을 긋는다.

② 위에서부터 순서대로 1부터 16까지 적는다.

③ 아래 그림과 같이 대각선을 긋는다.

④ 대각선이 지나는 칸은 적힌 수를 지운다.

⑤ 대각선을 기준으로 안쪽에 있는 6과 11, 바깥쪽에 있는 1과 16의 위치를 서로 바꾸어 준다.

⑥ 마찬가지로 반대쪽 대각선을 기준으로 안쪽에 있는 7과 10, 바깥쪽에 있는 4와 13의 위치를 서로 바꾸어 주면 마방진이 완성된다.

※ 완성된 칸에 있는 수는 가운데 중심을 기준으로 회전시키면 수의 위치가 다양하게 바뀔 수 있다.

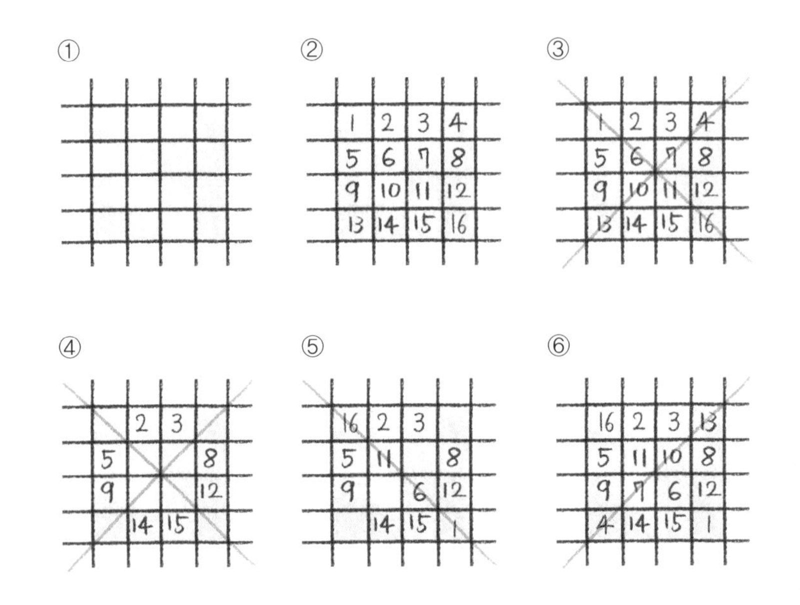

"석정아, 서당 안가니?"

"……."

"석정아, 밥 안 먹을 거야?"

"……."

"석정아, 같이 놀자."

"……."

밖에서 아무리 석정이를 불러도 방에서는 인기척 하나 들리지 않았다. 식사 때마다 방문 앞에 놓인 밥상이 방 안으로 들어갔다가 모두 비워져 나와 있는 것만으로 석정이가 방 안에 있는 것을 알 수 있을 정도였다.

그러던 어느 날 갑자기 석정이가 한밤중에 소리를 질렀다.

"할아버지, 홍찬아! 제가 새로운 마방진을 만들었어요. 드디어 만들었어요!"

이 소리를 듣고 할아버지와 홍찬이는 깜짝 놀라서 석정이 방으로 뛰어왔더니, 석정이가 방방 뛰고 있었다.

신이 난 석정이는 할아버지와 홍찬이에게 자신이 만든 새로운 마방진을 보여 주었다. 할아버지는 석정이가 만든 마방진을 꼼꼼히 살펴보면서 ★산대로 계산해 본 뒤 말했다.

"석정이가 육각형 꼭짓점에 1부터 30까지의

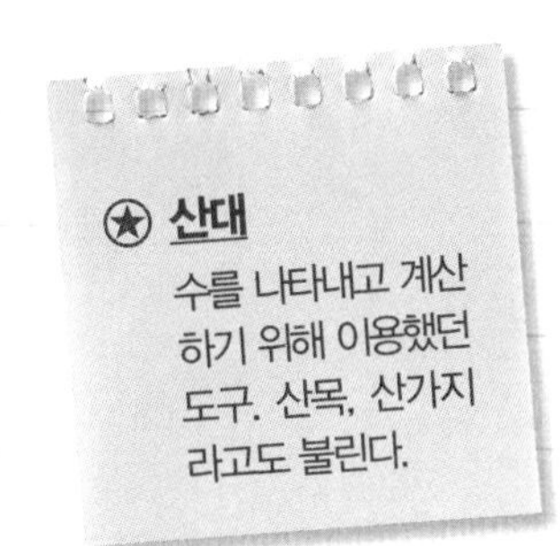

육각형으로 마방진을 만드는 방법

① 맨 위에 있는 붉은 꼭짓점에 1을 적는다.

② 아래에 있는 붉은 꼭짓점에 그림처럼 +4, +1을 한 수를 반복해서 적는다.

③ 이와 같은 방법으로 붉은 꼭짓점에 15까지 적을 수 있다.

④ 맨 아래에 있는 푸른 꼭짓점에 16을 쓰고, 위에 있는 푸른 꼭짓점에 그림처럼 +1, +4를 한 수를 반복해서 적는다.

⑤ 완성된 새로운 형태의 마방진은 그림과 같다.

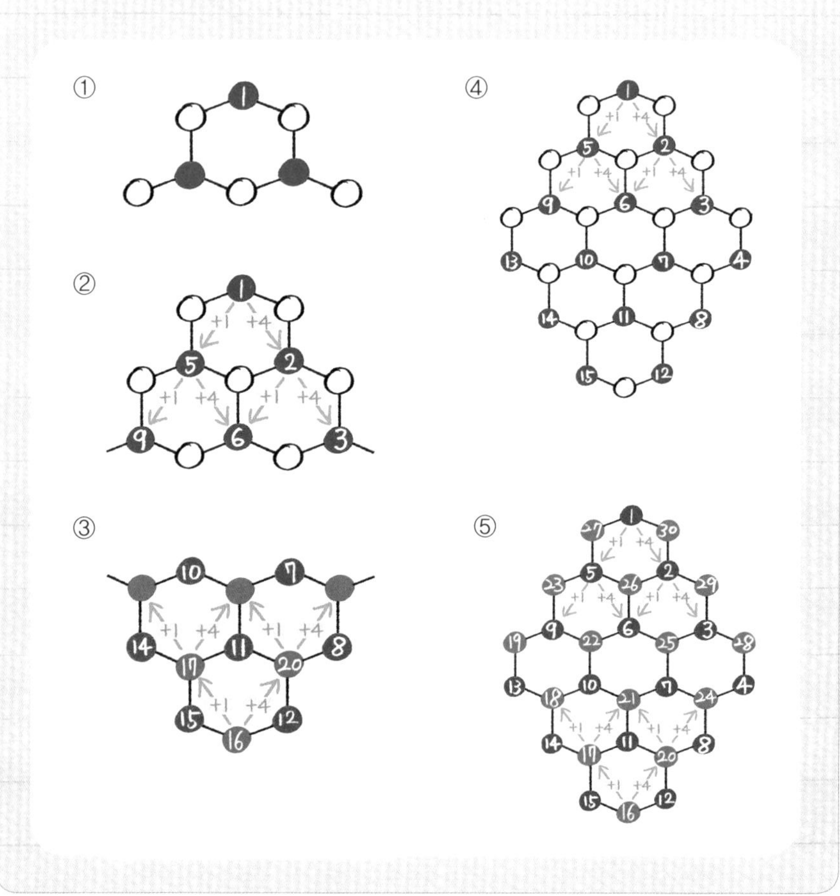

수를 한 번씩만 넣으면서, 각 꼭짓점에 놓인 수를 더하면 91이 되는 마방진을 만들었구나. 정말 대단하네!"

석정이가 보여 준 새로운 마방진을 보고 할아버지는 눈을 비비며 믿을 수 없다는 표정을 지었다.

홍찬이는 처음에 석정이가 보여 준 마방진을 이해하지 못했지만 할아버지의 설명을 듣고서야 이 마방진의 원리를 알 수 있었다.

"석정아, 어떻게 만든 거야?"

"모두 제 설명을 잘 들어 보세요."

석정이는 그림을 그려 가며 설명을 시작했다.

다음 날 아침, 홍찬이와 함께 서당으로 간 석정이는 훈장님에게 새로 만든 마방진을 보여 줬다. 훈장님은 석정이의 마방진을 보고는 너무 놀라 그 자리에 주저앉고 말았다.

"석정이, 이 녀석. 서당에 안 나와서 걱정했더니 이런 멋진 일을 했구나. 이렇게 멋진 발견은 나만 알 것이 아니라 산학을 공부한 내 벗에게 이야기해 봐야겠다."

며칠 뒤, 훈장님이 급하게 석정이를 찾았다.

"석정아, 석정아!"

"네, 저 여기 있어요. 홍찬이, 거북이랑 놀고 있는데 제가 무슨 잘못이라도……."

"냉큼 봇짐을 챙겨서 이분을 따라가거라."

훈장님은 사색이 되어 석정이를 다그쳤다. 그러자 홍찬이가 석정이 앞을 가로막으며 말했다.

"석정이가 잘못한 게 있다면 저도 같이 혼내 주세요."

훈장님은 떨리는 입술로 말했다.

"그게 아니라, 임금님께서 석정이를 궁궐로 부르셨어."

"네? 뭐라고요?"

석정이와 홍찬이는 훈장님 말을 듣고서 깜짝 놀랄 수밖에 없었다.

그길로 석정이는 급히 궁궐로 향했다. 예전에 학교에서 체험학

습으로 왔던 궁궐이지만 석정이는 지금 눈앞에 있는 궁궐이 훨씬 더 크고 멋져 보였다.

궁궐 안으로 들어간 석정이는 혹시라도 잘못해서 벌받을지도 모른다는 생각에 신하 뒤에 꼭 붙어서 고개를 숙인 채 걸었다. 어느새 저 멀리 여러 신하를 지나 임금님이 보였다.

마침내 임금님을 뵙게 된 자리에서 임금님은 고개 숙인 석정이를 바라보며 말했다.

"네가 그렇게 산학을 잘한다는 석정이로구나. 네가 만든 마방진을 보고 이야기를 나누고 싶은 마음에 이렇게 급하게 너를 불렀단다. 그러니 고개를 들라."

그제야 긴장이 풀린 석정이는 고개를 들어 임금님을 보았다.

석정이는 그날 밤 늦게까지 임금님에게 여러 가지 마방진 문제를 내고, 같이 풀면서 즐거운 시간을 보냈다. 그러다 보니 어느새 집으로 돌아갈 시간이 됐다.

"석정아, 오늘 너와 함께 산학 문제를 풀어 정말 재밌었단다. 시간이 많이 늦었으니 조심히 집으로 돌아가거라."

임금님은 석정이를 바라보며 환한 미소를 지었다.

궁궐을 나와 집으로 돌아오는 길은 어두웠지만 달이 길을 환하게 비추어 주었다. 석정이가 집에 거의 도착할 즈음 메고 있던 봇짐에서 알림음이 들렸다.

마방진 문제를 잘 풀었고
새로운 마방진도 잘 만들었습니다.

4단계 통과입니다.

- 수수께끼 맨

석정이의 일기장

마방진이란?

가로세로로 수를 놓아 같은 줄에 놓인 수의 합이 같아지도록 만든 것. 사각형뿐만 아니라 다른 모양으로도 마방진을 만들 수 있다.

아래 그림에는 1~9의 수가 들어간다. 빈칸에 들어갈 수는 무엇일까? 어떤 규칙이 있는지도 설명해 보자.

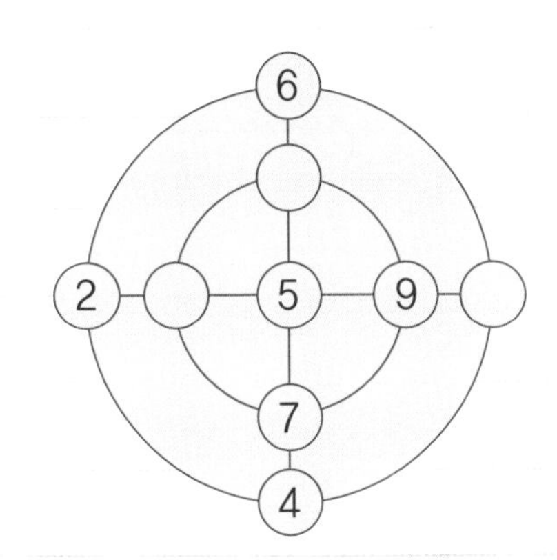

조선시대 수학자 최석정과 『구수략』

이 책의 주인공인 석정이의 이름은 실존 인물에서 따왔다. 그 인물은 바로 조선 후기의 문인 최석정(1646~1715)이다.

최석정은 숙종 때 정치, 사상, 학술 등에서 중요한 역할을 담당했던 관리였다. 이조판서, 우의정, 좌의정, 영의정까지 지낸 최석정은 우리가 역사책에서 보았던 최고의 관직을 모두 섭렵했다고 할 만하다.

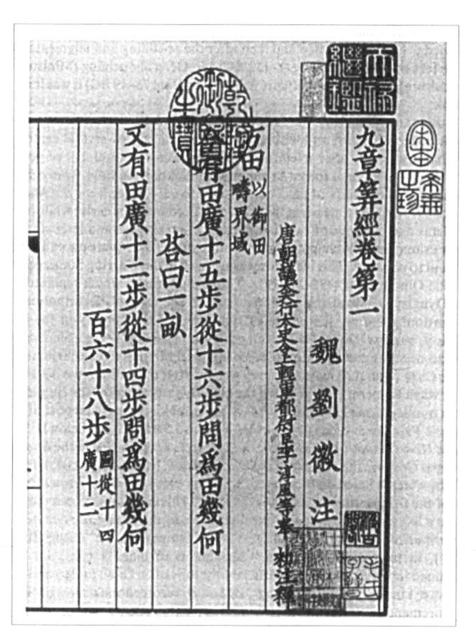
九章算經卷第一
唐朝議大夫行太史令上輕車都尉臣李淳風等奉勅注釋
魏 劉 徽 注
方田 以御田疇界域
今有田廣十五步從十六步問爲田幾何
荅曰一畝
又有田廣十二步從十四步問爲田幾何
百六十八步 圖從十四廣十二

동양 수학의 고전 『구장산술』

최석정의 업적 중 하나는 바로 수학에 관한 것이다. 다양한 학문에 관심을 가졌던 최석정은 당시 양반의 주된 사상인 성리학뿐만 아니라 수학과 천문학, 중국을 통해 들여온 서학(서양 학문)도 공부했다고 한다.

최석정이 집필한 대표적인 책으로

는 『구수략』이 있다. 이 책은 동양 수학의 고전이라 할 만한 『구장산술』이라는 책의 내용을 주로 다루고 있는데, 책 뒤쪽에 적힌 인용서를 보면 다양한 책을 참조하고 있어서 중국뿐만 아니라 서양의 수학도 공부했음을 알 수 있다.

책에는 수학 문제도 실려 있는데 난이도가 다양해서 다음과 같이 아주 쉬운 문제도 있다.

1년은 12월이고 매월은 30일이다. 1년은 며칠인가?

이 문제를 풀면서 산대라는 도구를 이용해 12×30을 계산하는 방법을 보여 준다.

한편, 『구수략』이 유명한 이유 중 하나는 부록에 다양한 마방진을 소개하고 있다는 것이다. 앞서 소개된 육각형 모양의 마방진도 있다. 이 책에서는 육각형 배열을 '지수귀문도'라 하는데 거북등 모양의 그림이란 뜻이다.

이와 같이 『구수략』에는 다양한 모양의 규칙 있는 수 배열이 가득하다.

5 화학반응으로 범인 찾기

석정이는 오늘도 임금님의 초대로 궁궐에서 새로운 마방진 문제를 함께 풀고 있었다. 문제를 풀며 임금님에게 기우제와 관련한 일, 쌍륙놀이와 윷놀이 승부, 홍찬이 가족과 지내는 일, 서당에서 한 공부 등 그동안 있었던 일을 이야기했다.

마방진의 매력에 푹 빠진 임금님은 석정이가 수학뿐만이 아니라 다방면에 관심이 많다는 것을 알고 석정이를 곁에 두고 싶어 했다.

"석정아, 너와 함께 이야기를 나누는 시간이 정말 즐겁구나. 혹시 궁에서 나와 같이 지내는 것은 어떠냐?"

"임금님, 정말 감사합니다. 하지만 저는……."

석정이는 말을 잇지 못하고 머뭇거렸다.

“내 너에게 작은 벼슬을 주어서 너의 뛰어난 학식을 다른 이들과도 나누고 싶구나.”

“고맙습니다. 저는 궁궐에서도 살아 보고 싶지만 홍찬이 가족과 함께 있고 싶습니다. 왜냐하면 저는…….”

석정이는 자신이 먼 미래에서 왔다는 것과 지금까지 홍찬이 가족이 자신의 비밀을 지켜 주고 있다는 것을 말하고 싶었지만 차마 용기가 나지 않았다.

"그래 어쩔 수 없구나. 그렇다면 가끔씩 나에게 찾아와 궁궐 밖에서 있었던 일을 말해 주겠느냐?"

"네, 그럼요. 꼭 그리하도록 하겠습니다."

약속대로 석정이는 일주일에 한 번씩 임금님을 찾아갔고, 궁궐 밖 사람들이 서로 도우며 평화롭게 지내고 있다는 이야기를 들려주었다. 석정이의 이야기를 들으며 임금님은 흐뭇해했다.

그러던 어느 날이었다. 석정이가 있는 마을에서 임금님에게 ★ 진상을 하려고 모아 두었던 곡식과 감식초가 사라진 사건이 발생했다.

★ **진상**
진귀한 물품이나 특산물을 임금이나 관리에게 바치는 일.

마을에서는 곡식과 감식초를 사또님이 머무는 관청의 곳간에 넣어 두고, 곳간 앞을 두 명의 포졸과 개가 항상 지키도록 했다.

그러나 사건이 벌어진 날 밤, 비가 내려서 두 포졸은 잠시 다른 곳에서 쉬고 있었는데, 그사이 곳간에 있던 곡식의 반이 사라졌다. 특히 이 마을의 특산품으로 유명한 감식초는 열 병 중 일곱 병이 사라졌고, 세 병은 깨져서 바닥에 흥건히 고여 있었다.

"이게 어떻게 된 일이지? 지금까지 창고에 수많은 도둑이 들었지만 포졸에 개까지 지키고 있어서 항상 도둑이 물건을 훔치지 못하고 잡히기 일쑤였는데……."

사또님은 곳간을 살펴보며 깊은 한숨을 지었다.

"아, 어젯밤에 비가 왔나 보네. 아직 흙이 마르지 않았군."

이른 아침, 석정이는 조심조심 길을 나섰다. 할아버지가 만든 감식초를 사또님에게 전달하는 심부름을 맡았기 때문이다. 그런데 관청에 들어가기 전에 문 앞에서 만난 사또님은 표정이 몹시 어두웠다.

"사또님, 무슨 걱정 있으세요?"

사또님은 한숨을 쉬며 석정이에게 어젯밤에 있었던 사건을 이야기했다.

"사또님, 어젯밤에 비가 내려서 땅이 젖어 있잖아요. 그럼 범인의 발자국이 선명하게 남아 있지 않을까요?"

"그렇지! 어제 비가 새벽 12시부터 1시 사이에 내렸고, 두 포졸이 새벽 1시부터 4시까지 창고를 지켰으니 비가 내렸을 때 찍힌 발자국을 찾으면 되겠구나. 만약을 대비해 관청 주변을 아무도 얼씬거리지 못하게 했단다."

사또님의 말이 끝나자마자 석정이를 뒤쫓던 누렁이가 갑자기 석정이에게 달려들었다. 그 바람에 석정이는 손에 들고 있던 감식초를 모두 바닥에 쏟게 됐다. 순식간에 시큼한 냄새가 나는 감식초가 관청 입구의 계단과 문 등 사방으로 튀었다.

"어떡하지. 할아버지께서 몇 달 동안 담그신 식초를……. 누렁아! 거기 안 서?"

석정이가 소리쳐 불렀지만 누렁이는 멀리 도망가 버렸다.

"사또님, 정말 죄송해요. 제가 감식초를 쏟아서 여기저기 시큼한 냄새가 나네요. 얼른 치우도록 할게요."

“아니야. 냄새야 시간이 지나면 없어지는걸. 지금은 범인의 발자국을 찾는 것이 우선이야. 마을 사람들 모두 석정이 네가 총명하다고 하니 함께 발자국을 찾아 주겠니?”

사또님은 석정이를 바라보며 말했다.

“네, 좋아요. 그럼 저도 같이 찾아보겠습니다.”

출입이 통제된 고요한 관청에서 사또님, 석정이, 몇몇 포졸이 함께 범인의 발자국을 샅샅이 찾았다. 방금 도망간 누렁이 발자국, 어제 보초를 섰던 두 포졸의 발자국, 사또님의 발자국 그리고 알 수 없는 두 사람의 발자국과 관청 앞에 나 있는 수레바퀴 자국이 있었다.

“옳거니, 여기 있는 발자국 중에서 두 사람의 발자국만 모르는 발자국이네. 또 수레바퀴 자국은 분명 관청에서 사용하는 수레바퀴와는 크기가 다르구나. 오늘은 늦었으니 내일 아침 관청에 있는 모든 포졸을 동원하여 동네 사람들 중에 이 발자국을 가진 사람을 찾으면 되겠다. 또한 곳간에 아직 곡식 반이 남아 있으니 더욱 잘 지키도록 하여라.”

관청을 함께 나온 사또님과 석정이는 아직도 문에서 나는 시큼한 식초 냄새 때문에 코를 붙잡았다.

“사또님, 지금이라도 감식초를 물로 닦아야겠는데요. 아직도 냄새가 많이 나서요.”

"그래, 아직까지 냄새가 이렇게 나다니. 내 옷에도 감식초가 튀었는지 냄새가 나는구나."

"맞아요. 저도 과학 시간에 산과 염기성 실험을 하다가 감식초가 옷에 튀어서 아이들이 놀린 적이……."

그 순간, 석정이는 과학 시간이 떠올랐다.

석정이는 실험 도구로 꽉 찬 책상 위에서 짝꿍과 서로 선을 넘지 말라고 다투고 있었다.

짝꿍의 책이 기어이 또 책상을 넘어오자 석정이는 인상을 쓰며 화를 냈다.

"내 쪽으로 넘어오지 말라고 했잖아!"

짜증이 난 석정이는 짝꿍의 책을 옆으로 밀치다 감식초병을 넘어트렸다. 그것도 모르고 석정이와 짝꿍은 계속해서 실랑이했다. 책 사이를 타고 흐르던 감식초는 어느새 앉아 있던 석정이와 짝꿍의 티셔츠까지 적시게 됐다.

"앗! 이게 무슨 냄새지?"

석정이는 코를 손으로 막으며 소리쳤다.

"야, 너 때문에 감식초가 쏟아졌잖아!"

"너 때문에 집에서 가져온 감식초가 흘렀잖아!"

짝꿍도 이에 질세라 소리쳤다.

"너희 조용히 못 하겠니?"

두 아이는 선생님에게 혼이 나고서야 다툼을 멈췄다. 그런 후 석정이와 짝꿍은 조용히 선생님의 지시에 따라 다시 과학 실험을 시작했다. **적양배추 물을 ㉞ 지시약으로 실험했을 때, 산성인 감식초는 붉게 변했고, 염기성인 석회수, 비눗물, 양잿물은 푸르게 변했다.**

> ★ **지시약**
> 어떤 물질을 만났을 때 그 물질의 성질에 따라 눈에 보이는 변화가 나타나는 물질.

석정이가 입고 있던 하얀 티셔츠도 붉게 물들어 있었다. 아마 감식초가 묻은 하얀 티셔츠에 적양배추 물도 묻은 것 같았다.

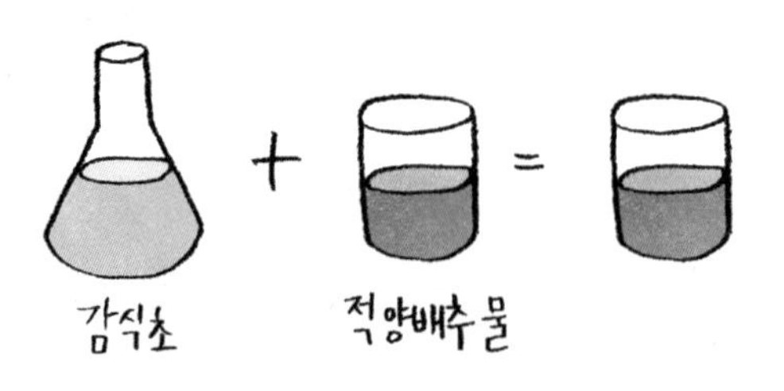

감식초는 적양배추 물을 만나면 붉게 변한다.

'이런, 하얀 티셔츠가 붉게 물들어서 엄마한테 혼나겠는걸.'

석정이의 예감은 빗나가지 않았다. 붉게 물든 티셔츠를 보자마자 엄마는 손바닥으로 석정이 등짝을 세게 때렸다. 너무 세게 맞았는지 손자국이 난 등짝이 붉게 물든 티셔츠와 같은 색이 됐다.

'하하, 책으로 배우는 것보다 직접 경험하는 게 기억에 오래 남는다더니. 적양배추 물과 감식초가 만나면 붉게 변했던 것이 생각나네.'

그때 맞은 등짝이 아직도 얼얼한지 석정이는 손으로 등짝을 문지르며 다시 감식초 냄새가 나는 사또님의 옷을 쳐다보았다.

갑자기 석정이가 손바닥을 치며 팔짝팔짝 뛰기 시작했다.

"사또님! 제가 범인을 찾을 수 있는 방법을 알아냈어요."

석정이는 당장 적양배추 물과 감식초를 준비했다. 그리고 이를 사또님에게 보여 주었다.

"사또님, 지시약의 반응을 이용하면 적양배추 물로 감식초를 찾아낼 수 있습니다."

"응? 곳간의 곡식과 감식초를 훔쳐 간 범인을 찾을 수 있다는 것이냐?"

사또님이 몸을 석정이 쪽으로 기울이면서 물었다.

"어젯밤 비는 12시부터 1시까지 내렸고, 그 후에 두 포졸이 1시부터 4시까지 있었습니다. 그사이에 도둑이 들었고요. 그때 도둑들은 관청 주변에 자신의 발자국과 물건을 싣고 간 수레의 바퀴 자국을 남겼습니다. 또한 곳간을 보시면 여러 개의 감식초병이 깨져 있는데, 아마 병이 깨질 때 감식초가 분명 범인의 옷에 튀었을 것입니다."

"오호라. 발자국과 수레바퀴 자국으로 용의자를 좁히고, 그중에서 감식초가 튀어 옷에 묻은 사람을 찾으면 되겠구나."

사또님은 그제야 밝은 표정을 지으며 석정이를 바라보았다.

다음 날 아침, 사또님과 포졸들은 범인의 발자국과 같은 크기의 신발을 찾기 위해 마을 곳곳을 조사했다.

이를 멀리서 지켜보는 수상한 자가 있었는데, 바로 어젯밤 곳간에서 물건을 훔친 도둑이었다. 발자국 때문에 자신이 잡힐까 봐 걱

★ **경거망동**
경솔하고 생각 없이 행동하는 것을 이르는 말.

정스러운 마음이 들어 이 사실을 또다른 도둑에게 알렸다.

"어허, ★경거망동하기는. 그래서 어제 일부러 큰 짚신을 신고 도둑질하지 않았느냐. 그리고 우리는 도둑이 아니다. 내 체면을 깎은 사또놈한테 복수하는 거지."

이 사람은 얼마 전 자신의 노비를 때리다가 사또님에게 곤장을 맞은 김 진사였다. 김 진사는 이 기회에 사또님을 궁지에 몰아 자신이 그 자리에 앉으려는 계략을 세우고 있었던 것이다.

이런 계략이 있는 줄도 모르고 하루 종일 마을을 수사한 사또님은 결국 범인을 찾아내지 못했다. 엎친 데 덮친 격으로 김 진사가 퍼뜨린 거짓 소문이 마을을 떠돌기 시작했다.

"사또님이 곡식과 감식초를 빼돌렸대요."

"사또님이 곡식과 감식초를 빼돌려서 땅을 샀다고 하네요."

"사또님이 곡식과 감식초를 빼돌려서 땅을 샀는데 거기서 금덩어리가 나왔대요."

"사또님이 곡식과 감식초를 빼돌려서 땅을 샀는데 거기서 금덩어리도 나오고 은덩어리도 나왔대요."

거짓 소문은 순식간에 마을 전체에 퍼졌고, 사또를 바꿔 달라는 백성들의 이야기가 임금님 귀까지 들리게 됐다.

김 진사 사또 되기 작전

하나, 임금님께 드릴 곡식을 훔쳐 사또를 곤경에 빠뜨린다.

둘, 사또에 대한 거짓 소문을 퍼뜨린다.

셋, 김 진사는 훔친 곡식과 감식초를 마을 사람들에게 나누어 주고 인심을 얻는다.

넷, 사또가 물러나면 김 진사를 사또로 임명해 달라는 거짓 상소를 써서 임금님께 보낸다.

다섯, 김 진사가 사또가 된다.

그사이 김 진사는 계략대로 훔친 곡식과 감식초를 마을 사람들에게 나누어 주어 인심을 얻었고, 이에 사또를 김 진사로 바꾸어 달라는 거짓 상소까지 이어졌다.

사또님의 인품과 학식에 대해 익히 들어 잘 알고 있던 임금님은 걱정이 되어 밤에 몰래 평민으로 변장을 하고 홍찬이 집으로 향했다.

석정이에게 그동안에 있었던 일을 모두 들은 임금님은 긴 시름에 빠졌다. 백성들의 원성이 자자해서 사또를 마냥 봐줄 수도 없고, 그렇다고 거짓 소문 때문에 사또에게 죄를 물을 수도 없는 노릇이었다.

게다가 포졸들이 마을을 샅샅이 뒤져 모든 신발을 조사했지만 발자국과 같은 크기의 신발을 찾지 못했기 때문에 임금님은 더욱 걱정이 됐다. 이때, 임금님의 고민을 눈치챈 석정이가 말했다.

"임금님, 저에게 좋은 생각이 있습니다."

"석정아, 그게 무엇이냐?"

"결국 발자국과 크기가 같은 신발을 찾지 못했으니 사또를 뽑는 투표를 하는 것입니다."

"투표? 그것이 무엇이냐?"

임금님은 처음 듣는 단어에 관심을 갖고 물었다.

"투표란 한 집단의 대표를 뽑을 때 그 집단에 속해 있는 사람들이 종이에 의사를 표시하여 내는 것을 말합니다. 만약 사또를 뽑는 투표를 한다면 마을 사람들이 사또 후보가 적힌 종이를 하나씩 받아서 차례대로 남들에게 보이지 않는 천막 같은 곳에 들어갑니다. 그리고 종이에 적힌 후보 중 한 명에게 표시하고, 이 종이를 천막 밖에 있는 상자에 넣습니다. 모든 사람이 투표를 마치면 상자 안에 있는 종이를 꺼내 가장 많은 표를 얻은 후보를 사또로 뽑는 것입니다."

"아주 좋은 방법이구나. 그런데 그 투표로 어떻게 범인을 잡을 수 있단 말이냐?"

“마을 사람들을 모두 한데 불러 모아 단번에 범인을 찾을 수 있는 방법이 있습니다.”

석정이가 웃으며 임금님에게 범인 찾는 방법을 자세히 설명했다. 임금님도 미소를 지으며 연신 고개를 끄덕였다.

다음 날, 임금님이 친히 마을 사람들을 모아 놓고 말했다.

“오늘 두 가지 일 때문에 마을 사람들 모두 여기에 모이라고 했다. 첫째는 며칠 전 있었던 곡식과 감식초를 훔쳐 간 도둑을 잡는 일이요, 둘째는 새롭게 사또를 뽑는 일이다. 먼저 도둑을 잡는 일

과 관련해 지금부터 한 명씩 이 큰 항아리 안의 물에 손을 넣어 손목까지 물에 잠기도록 하거라. 만약 범인이라면 손에 물이 닿자마자 물집이 잡힐 것이다."

임금님의 말씀이 끝나자마자 사람들은 줄을 서서 한 명씩 조심스럽게 항아리에 손을 넣었다. 김 진사와 함께 도둑질을 했던 김 진사의 노비는 들킬까 봐 겁이 나 항아리 안의 물속에 손을 담그지 않고 넣는 시늉만 했다.

모든 사람이 항아리 속에 손을 넣었지만 단 한 명도 손에 물집이 잡히는 경우는 없었다. 두 범인은 안도의 한숨을 내쉬었다.

"아쉽게도 아직 도둑을 잡지 못했군. 이제 새 사또를 뽑으려 한다. 뽑는 방식은 투표라는 것으로……."

임금님은 투표 방식을 마을 사람들에게 설명하고 손가락으로 천막을 가리키며 말했다.

"한 명씩 종이를 들고 저곳에 들어가 자신이 뽑고 싶은 후보에게 표시하면 된다. 표시하는 방법은 작은 그릇에 담긴 물을 손가락에 묻혀 종이 위에 자신이 뽑고 싶은 후보의 번호에 찍으면 된다. 후보는 바로 현재 사또인 박지후와 김 진사인 김재영이다."

이 말을 들은 김 진사는 얼굴에 도는 웃음기를 참을 수 없어 간신히 고개를 숙이고 웃었다.

마을 사람들은 이번에도 길게 줄을 서서 한 명씩 천막에 들어갔다. 작은 그릇에 담긴 물을 손가락에 묻혀 종이에 적힌 후보 중 자신이 뽑고 싶은 후보의 번호에 찍었다. 그리고 그 종이를 접어 임금님 앞에 있는 상자에 넣었다.

잠시 후, 모든 사람의 투표가 끝났다. 임금님은 200장의 표 중에서 먼저 20장을 펴 보고 표시가 되어 있는 후보의 이름을 큰 소리로 불렀다.

"박지후, 박지후, 김재영, 김재영, 박지후……."

스무 장을 확인해 보니 현재 사또인 박지후가 15표, 김 진사인 김재영은 5표였다. 임금님이 이어서 이름을 더 부르려고 하자 석정이가 나서며 말했다.

"임금님, 200장의 표에 적힌 이름을 다 부르려면 너무 힘드실 것 같습니다. 이미 결과는 나온 것 같습니다."

임금님과 마을 사람들 모두 석정이를 쳐다보았다.

"지금 전체 마을 사람들이 투표한 총 200장의 표 중에서 20장을 열어 보셨습니다. 스무 장은 무작위로 뽑은 것인데 현재 사또인 박지후는 15표, 김 진사인 김재영은 5표입니다. 이는 박지후가 김재영보다 많은 표가 나올 가능성

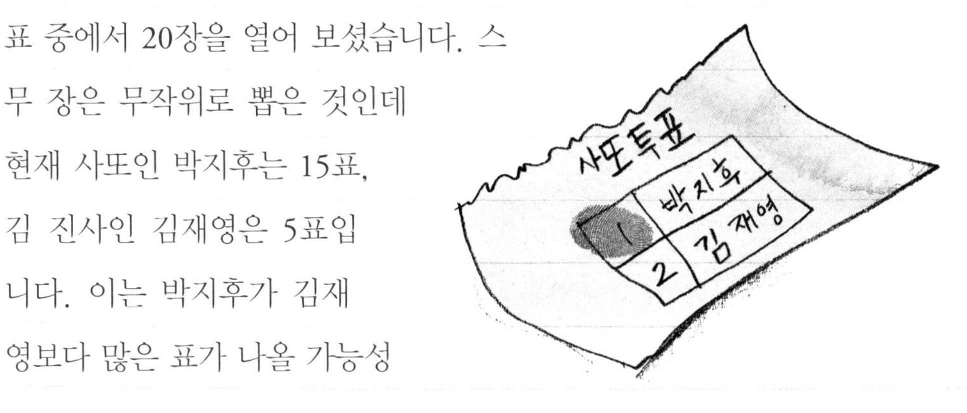

이 크므로 나머지 180장을 열어 보아도 결과는 마찬가지라고 생각합니다."

석정이가 말하자 김 진사가 인상을 쓰며 큰 소리로 말했다.

"아니, 이 꼬마가 말하는 것 보게. 네가 어떻게 나머지 180장의 표를 안단 말이냐? 네가 박지후 사또와 짜고 나를 망신 주려고 하는구나. 200장의 표를 모두 확인했을 때, 네가 말한 것과 달리 박지후 사또가 나보다 표가 적다면 너는 곳간에 깨진 감식초의 수만큼 다음번에 더 만들어서 바쳐야 할 것이다!"

'김 진사가 어떻게 곳간에 감식초가 깨진 것을 알고 있지? 옳거니, 네가 바로 범인이로구나.'

김 진사의 말을 듣고서 석정이는 김 진사가 도둑이라는 확신이 들었다.

"임금님, 김 진사의 말대로 총 200장 중에 20장만 확인한 것이 완전하지는 않습니다. 물론 모든 표를 확인하면 결과가 달라질 수도 있습니다. 다만 저는 가능성을 말씀드리고 싶었던 것입니다. 그리고 만약 제가 말한 것과 다른 결과가 나온다면 벌을 달게 받겠으나, 제가 말한 것과 같다면 박지후 사또의 억울함을 꼭 풀어 주시기 바랍니다."

이 말을 들은 임금님은 다시 모든 투표 종이를 하나씩 펴 보며 이름을 불렀다. 그 결과, 박지후는 130표, 김재영은 68표였다. 임금님은 투표 결과를 발표하면서 근엄한 목소리로 말했다.

"투표 종이 중 두 장에는 아무런 표시가 없구나. 왜 그런 줄 아느냐? 석정이가 말해 보거라."

마을 사람들도 많은 종이 중에 두 장에만 아무런 표시가 없다는 게 궁금했다.

"네, 적양배추 물과 감식초가 만나면 붉게 변합니다. 조금 전 여러분이 손을 넣은 항아리 안에는 적양배추 물이 담겨 있었습니다. 투표를 위해 천막 안에 있던 작은 그릇에는 감식초가 담겨 있었고요. 즉, 적양배추 물에 손을 담그고 그 손가락을 감식초에 담가 종

이에 찍었다면 붉은색으로 표시가 되었을 것입니다."

석정이는 직접 적양배추 물과 감식초에 번갈아 손을 넣고 하얀 종이에 찍어 보이며 이야기했다. 이때 김 진사의 얼굴이 붉게 물들기 시작했고 석정이는 계속해서 말을 이어나갔다.

"하지만 도둑 두 명은 항아리 속에 손을 담그면 물집이 생겨 범행이 탄로 날까 두려워서 손을 담그지 않았습니다. 그래서 적양배추 물이 묻지 않은 상태로 감식초를 손에 묻혀 종이에 찍었으니 아무것도 표시되지 않았을 것입니다."

마을 사람들은 너도나도 자신의 손가락을 보았다. 손가락이 적양배추 물과 감식초의 반응으로 붉게 물들어 있었다.

"마을 사람들이 종이를 낼 때 유심히 보았다. 분명 종이가 얇아 뒷면이 모두 붉게 되어 있었지. 김 진사와 김 진사의 노비가 낸 종이는 붉지 않던데, 범인은 바로 너희 두 놈이구나!"

임금님이 그 둘을 바라보며 호통쳤다.

"저희가 손을 항아리에 담그지 않았다는 증거는 있어도 곳간에서 곡식과 감식초를 훔쳤다는 증거는 없지 않습니까? 저희가 훔쳤다는 증거를 보여 주십시오."

김 진사는 당황했지만 당당한 목소리로 말했다.

이때 홍찬이가 포졸들과 함께 누구의 것인지 모르는 남자 옷과 신발을 가지고 왔다.

"임금님께서는 투표 결과를 발표하시기 전, 두 명의 종이가 이상하다는 것을 확인하시고 포졸들에게 김 진사의 집을 수색하라는 명령을 내리셨습니다. 문이 잠긴 창고 안에 숨겨 놓은 이 옷과 신발을 발견했습니다. 그 안에 있던 수레도 함께 끌고 왔고요. 이 수레가 바로 포졸들이 그토록 찾던 수레입니다."

홍찬이가 수레를 가리키며 마을 사람들에게 말했다.

"곳간에서 물건이 없어진 날, 곳간에 있던 감식초 열 병 중 세 병이 깨져 쏟아졌습니다. 이때 감식초가 튀어 도둑들의 옷이나 신발에 묻었을 것이 틀림없습니다. 만약 이들이 범인이라면 옷과 신발에 감식초가 묻었을 가능성이 높으므로 적양배추 물을 뿌려 보겠습니다."

석정이는 홍찬이가 가져온 옷과 신발을 들고 김 진사와 김 진사

의 노비를 바라보며 말했다. 둘은 마을 사람들을 바라보며 자신들은 절대 도둑이 아니라는 듯 억울한 표정을 지었다.

이를 보고 있던 임금님이 말했다.

"석정아, 어서 저들의 옷과 신발에 적양배추 물을 뿌려 보거라."

석정이가 적양배추 물을 뿌리자마자 원래 보이지 않았던 붉은색이 아랫도리의 밑부분에 나타나기 시작했다. 얼룩은 크기가 커서 마을 사람들 모두 한눈에 알아볼 수 있었다.

마을 사람들과 함께 붉게 변한 옷을 바라보던 임금님이 큰 소리로 말했다.

"석정이가 말한 대로 박지후 사또의 표가 더 많이 나올 가능성이 컸고, 실제로도 그렇게 나왔으니 박지후 사또는 사또 자리를 그대로 유지하도록 한다. 아울러 김 진사와 김 진사 노비는 듣거라! 너희는 곡식과 감식초를 훔치고 사또를 쫓아내려는 음모를 꾸미는 등 큰 죄를 지었다. 포졸들은 어서 저들을 관청으로 끌고 가라!"

김 진사와 김 진사 노비는 잘못했다며 두 손이 발이 되도록 빌었다. 포졸들은 둘을 포박하여 관청으로 끌고 갔다.

"또한 해박한 지식으로 도둑을 잡을 수 있게 도와준 석정이에게는 큰 상을 내리도록 하겠다."

임금님은 석정이를 바라보며 윙크했다.

환호성을 지르는 사람들에게 둘러싸인 석정이는 자신이 수학과 과학 지식을 이용해 문제를 해결했다는 사실에 기분이 엄청 좋았다. 그 순간, 봇짐 안에서 알림음이 울렸다.

적양배추 물과 감식초의 화학반응,
가능성을 활용해 문제를 잘 해결했습니다.

5단계 통과입니다.

- 수수께끼 맨

석정이의 일기장

지시약과 화학반응

적양배추 물과 감식초를 활용해 색이 변하는 것을 보고 도둑을 잡을 수 있었다. 만약 적양배추 물을 구하지 못했다면 어떤 것을 활용해 감식초를 훔쳐 간 범인을 잡을 수 있었을까?

다음 반응으로 얻어지는 색깔을 써 보자.

① 감식초 + 적양배추 지시약 = ☐

② 비눗물 + 적양배추 지시약 = ☐

6 평균으로 해결하는 빈곤 문제

"며칠 뒤에 옆 마을 서당과 투호 시합을 할 터이니 다들 공부는 물론 체력 활동에도 만전을 기하거라."

"에이, 어차피 우리 서당이 질 텐데요."

훈장님의 말에 홍찬이가 웃으면서 말했다.

서당에서는 가끔씩 다른 서당 친구들과 투호 시합을 했는데 그때마다 항상 홍찬이네 서당이 지기 일쑤였다.

"그래도 우리가 연습하면 이기지 않을까?"

석정이가 조심스럽게 묻자 홍찬이는 한숨을 내쉬면서 말했다.

"그럴 수도 있겠지만 옆 마을 서당은 학생이 우리보다 훨씬 많아. 그래서 우리가 이기기는 정말 힘들어."

투호

통을 일정한 거리에 두고 화살을 던져, 통 안에 넣은 화살 개수로 승부를 가리는 전통 놀이. 조선시대에는 주로 궁중에서 놀이로 즐겼다.

옆에서 홍찬이 말을 조용히 듣고 있던 한 서당 아이가 웃으면서 말했다.

"그래도 서당에 석정이가 새로 들어왔으니까 1명 더 늘었잖아. 우리도 이제 10명이나 됐으니 이길 수 있지 않을까?"

홍찬이가 말한 아이를 바라보며 손을 휘휘 저었다.

"그 서당에는 아이들이 15명이야."

"내가 게임에는 자신 있으니 오늘부터 열심히 연습해 보자."

석정이가 친구들을 향해 주먹을 불끈 쥐어 보였다.

드디어 옆 마을 서당과 투호 시합을 하는 날이 됐다. 이번 경기는 석정이네 마을에서 열렸는데 마을 사람들도 모여 구경할 모양이었다.

홍찬이네 훈장님처럼 수염이 긴 옆 마을 훈장님은 뒷짐을 지고 15명의 아이들을 데려왔다.

옆 마을 아이들은 지금까지 계속 투호 시합에서 이겨서인지 자신만만해 보였다. 반면 홍찬이네 서당 아이들은 기운이 없어 보였다.

"얘들아, 이번에는 우리를 이길 수 있겠어? 참, 너희 중에 몇 달 전 새로 서당에 온 아이가 있다며?"

옆 마을 아이가 웃으면서 말했다.

"그게 바로 나야. 내 이름은 최석정이야. 만나서 반가워."

석정이가 웃으며 손을 흔들었다.

"그래 반가워. 나는 이치우라고 해. 네가 산학을 잘한다면서? 나중에 나도 좀 가르쳐 줘."

치우와 석정이는 서로 인사하며 손을 맞잡았다.

투호 시합은 한 사람당 화살을 5개씩 던져서 통 안에 화살을 더 많이 넣는 서당이 이기는 경기였다.

먼저 인원이 많은 옆 마을 서당부터 투호를 시작했다. 옆 마을 아이가 던지고 홍찬이네 서당 아이가 던지는 방식으로 번갈아 화살을 던졌다.

아이들이 던진 화살은 정확하게 통 안에 들어가기도 하고 아쉽게 통을 비껴가기도 했다. 화살이 통 안에 들어갈 때는 환호가, 통을 빗겨갈 때는 탄식이 가득했다.

"그럼 이번엔 내 차례구나."

어느덧 석정이가 던질 차례가 됐다. 석정이는 화살 던질 준비를 하면서 학교에서 선생님이 전통 놀이 시간에 알려 주었던 투호 잘

하는 방법을 떠올렸다. 그 방법을 떠올리며 자세를 잡고 화살 하나를 신중하게 던졌다.

땡그랑!

석정이 손을 떠난 화살이 통 안으로 정확하게 들어갔다.

"와! 석정이는 못하는 게 없구나."

같은 마을 아이들이 석정이를 칭찬했다.

석정이는 다시 두 번째, 세 번째, 네 번째 화살을 던졌다. 역시 모두 성공이었다. 옆 마을 아이들은 불안한 눈빛이 가득했다.

마지막으로 다섯 번째 화살만 남았다. 같은 마을 아이들은 손에 땀을 쥐고 석정이가 던진 다섯 번째 화살을 끝까지 바라보았다.

휙!

석정이가 던진 마지막 화살은 아쉽게 통을 빗겨 갔다.

"아……."

같은 마을 아이들 입에서 탄식이 터져 나왔다.

"이런, 이번엔 우리 서당이 이겨야 하는데……."

석정이는 땅을 쳐다보며 무척 아쉬워했다.

"석정아, 투호 시합은 처음이라 많이 긴장됐을 텐데 화살을 4개나 넣다니 정말 잘했어."

홍찬이는 석정이를 진심으로 위로했다.

어느덧 홍찬이네 서당 아이들은 모두 화살을 던졌고, 옆 마을에는 아직 화살을 던지지 않은 아이가 5명이나 있었다. 남은 아이들도 순서대로 집중하며 화살을 하나하나 던졌다. 하지만 화살은 여러 번 통을 외면했다.

"이러다 우리 서당이 지는 것 아닐까?"

옆 마을 아이들은 점점 불안감이 밀려왔다. 4명이 화살을 모두 던지고 마지막으로 치우가 남았다.

"치우야! 네가 화살 5개를 다 성공하면 우리 서당이 이길 수 있을 거야."

옆 마을 아이들이 치우를 응원했다. 아이들의 응원에 힘을 얻어 치우는 화살 하나를 힘차게 던졌다.

땡그랑!

"우와, 역시 치우야!"

치우가 첫 번째로 던진 화살은 멋지게 통 안으로 들어갔다. 치우는 나머지 화살도 온 힘을 다해 힘차게 던졌다. 역시 자석이 달린 것처럼 모두 통 안에 쏙 들어갔다.

"와! 마지막으로 화살을 던진 석정이는 하나를 실패했고 치우는 모두 성공했으니 분명 우리 서당이 이겼을 거야."

옆 마을 아이들이 기뻐하며 소리쳤다.

투호 시합 결과는 다음과 같았다.

"이번에도 역시 우리 서당이 졌구나."

홍찬이네 서당 (총 40점)				
김○○	김홍찬	이○○	박○○	이○○
5	4	3	4	4
최○○	박○○	김○○	최○○	최석정
4	3	5	4	4

옆 마을 서당 (총 45점)				
이○○	김○○	최○○	박○○	박○○
5	2	3	2	5
김○○	이○○	황○○	이○○	최○○
3	1	3	5	2
박○○	황○○	구○○	김○○	이치우
2	2	3	2	5

홍찬이는 석정이를 쳐다보며 아쉬움을 드러냈다.

"아니야, 홍찬아. 아직 어느 서당이 이겼는지 알 수 없어."

석정이는 덤덤하게 홍찬이에게 말했다.

"우리 서당은 점수가 총 40점이고, 옆 마을 서당은 총 45점이야. 그리고 화살 5개를 모두 성공한 사람을 보면 우리는 2명뿐이고, 옆 마을은 4명인데 어떻게 우리가 이길 수 있겠어."

홍찬이는 슬픈 표정을 지으며 대답했다.

"물론 우리 서당이 점수 총합이 작고 화살 5개를 모두 성공한 사람도 적지만 우리가 졌는지는 아직 몰라."

석정이는 자신 있게 대답했다.

"그래? 석정이 넌 그걸 어떻게 아니?"

홍찬이는 의아한 표정으로 석정이를 바라봤다.

"우선 경기에 참여한 사람의 수가 달라. 옆 마을 아이들이 우리보다 인원이 많으니 당연히 화살을 많이 던진 옆 마을의 점수가 높을 가능성이 크지."

석정이가 이유를 설명하며 말했다.

"그러네. 우리 서당은 10명이니 던진 화살을 모두 다 넣어도 50점이고, 옆 마을 서당은 15명이니 던진 화살을 모두 다 넣으면 75점이잖아. 이러면 우리가 아무리 잘해도 옆 마을을 이길 수가 없네. 그럼 어느 서당이 이겼는지 어떻게 점수를 계산할 수 있을까?"

홍찬이가 머리를 긁적이며 말했다.

"그러기 위해서는 ★ 평균을 구하면 돼. 내가

★ 평균
여러 수나 같은 종류의 양에서 중간 값을 가지는 수.

시험 평균 때문에 엄마한테 꾸중을 많이 들었거든."

석정이는 이렇게 말하면서 학교에서 평균을 구하던 기억을 떠올렸다.

교실에서 선생님이 채점한 기말고사 시험지를 학생들에게 나누어 주고 있었다.

"부모님께 시험지 보여 드리고 사인받아서 다시 가지고 오세요."

선생님은 웃으면서 말했지만 석정이는 금방이라도 울 것만 같았다.

'어떡하지. 중간고사보다 점수가 떨어진 과목도 있고 올라간 과목도 있잖아. 엄마한테는 점수가 오른 과목만 보여 드릴까?'

석정이는 고민하면서 집으로 향했다.

"네, 곧 만나요. 우리 석정이도 이번에 성적이 올랐겠죠."

엄마는 아파트 현관에서 같은 반 친구의 엄마와 이야기를 나누고 있었다. 석정이는 멀리 숨어서 엄마의 표정을 살펴봤다. 집 안으로 들어가는 엄마의 기분이 좋아 보이자 석정이는 안심하고 현관문을 열었다.

"엄마, 다녀왔습니다."

석정이는 힘차게 인사하고는 기말고사 시험지를 식탁 위에 올려놓자마자 자기 방으로 들어갔다. 식탁 위에는 국어, 수학, 사회,

과학, 영어 총 다섯 과목의 시험지가 올려져 있었다.

식탁 위에 놓인 시험지를 보던 엄마는 석정이 방문을 바라보며 말했다.

"석정아, 잠깐 얘기 좀 하자."

석정이는 긴장한 표정을 지으며 식탁에 앉아 있는 엄마에게 천천히 다가갔다. 엄마는 석정이가 지난번에 본 중간고사 성적과 이번에 본 기말고사 성적을 종이에 적어서 보여 줬다.

"석정이는 이번 기말고사 성적이 어떤 것 같아?"

엄마는 석정이가 생각했던 것보다 차분한 목소리로 말했다.

중간고사 성적				
국어	수학	사회	과학	영어
85	80	70	85	70

기말고사 성적				
국어	수학	사회	과학	영어
80	70	80	80	80

"국어, 수학, 과학은 점수가 떨어졌고 사회와 영어는 점수가 올랐어요."

석정이는 점수가 오른 과목보다 떨어진 과목이 많아서 이번 시험을 못 봤다고 생각했다.

평소와 다르게 풀이 죽어 있는 석정이를 향해 엄마가 말했다.

"석정아, 엄마가 보기에 이번에 석정이가 공부를 열심히 하지 않은 것 같아. 그렇지만 성적이 떨어졌다고 보기도 어렵네."

"성적이 오르지도 떨어지지도 않았다고요? 세 과목 점수는 떨어지고, 두 과목 점수만 올랐으니까 성적이 떨어진 것 아닌가요?"

석정이는 엄마가 왜 성적이 떨어진 것은 아니라고 말하는지 알 수 없었다.

"우리 석정이가 평균을 모르는구나?"

"평균이요?"

"평균이란 자료들을 대표하는 값으로 자료 전체의 합을 자료의 개수로 나눈 값을 말해. 예를 들어 각 과목 점수를 다 더하고 나서 그 점수를 과목의 개수로 나누는 거지. 그렇게 하면 중간고사 성적과 기말고사 성적을 쉽게 비교할 수 있어."

그때 마침 아빠가 집에 들어왔다.

"아빠, 다녀오셨어요?"

석정이는 식탁에서 일어서며 아빠를 반갑게 맞이했다.

"그래, 석정아. 식탁에서 엄마와 무슨 이야길 하고 있었니? 아, 맞다. 오늘 기말고사 시험지를 가져온다고 했지? 어때, 성적은 만족스럽니?"

아빠는 엄마의 표정을 살피며 석정이에게 말했다.

"안 그래도 석정이와 평균에 대해서 이야기하고 있는 중이에요. 석정이가 평균을 모르고 있어서요."

엄마의 대답을 듣고 아빠는 종이에 적힌 중간고사 성적과 기말고사 성적을 보며 말했다.

"석정아, 아빠 설명을 잘 들어 보렴. 평균을 구하면 석정이가 본 중간고사 다섯 과목과 기말고사 다섯 과목의 성적을 비교하기가 편해.”

아빠는 종이에 계산식을 적어 가며 설명했다.

“이렇게 평균을 구해 비교하면 중간고사 성적에 비해 기말고사 성적이 떨어지지도 오르지도 않았다고 할 수 있지.”

엄마와 아빠의 설명을 듣고도 석정이는 평균이 잘 이해되지 않았다.

아직도 잘 모르겠다는 석정이의 표정을 보고 있던 아빠가 갑자기 석정이 방에 들어가더니 석정이가 좋아하는 블록을 가지고 나왔다.

평균 구하는 법

먼저 중간고사 다섯 과목의 점수를 모두 더하면

85 + 80 + 70 + 85 + 70 = 390

다섯 과목의 점수를 더한 390을 과목 개수인 5로 나누면

390 ÷ 5 = 78

중간고사의 평균은 78점이 된다.

기말고사 성적을 같은 방법으로 살펴보면

80 + 70 + 80 + 80 + 80 = 390

다섯 과목의 점수를 더한 390을 과목 개수인 5로 나누면

390 ÷ 5 = 78

기말고사의 평균도 78점이 된다.

"자, 이렇게 엄마는 노란 블록, 아빠는 파란 블록, 석정이는 빨간 블록을 쌓았다고 치자. 그런데 아빠가 블록을 제일 많이 가지고 있어서 공평하지 않지? 그래서 서로 높이가 같도록 블록을 이동시킬 거야."

아빠는 파란 블록 둘을 움직여 석정이 블록 위에 쌓았고, 하나를 어머니 블록 위에 쌓았다. 그랬더니 셋의 블록 높이가 모두 같게 됐다.

"이렇게 서로 다른 높이의 블록을 이리저리 옮겨 높이를 같게 하면 각자 쌓은 블록의 개수가 5개로 같게 돼. 그럼 아까 아빠가 설명했던 방법으로 평균을 구해 볼까?"

석정이는 귀를 쫑긋 세우고 아빠의 설명을 집중해서 들었다.

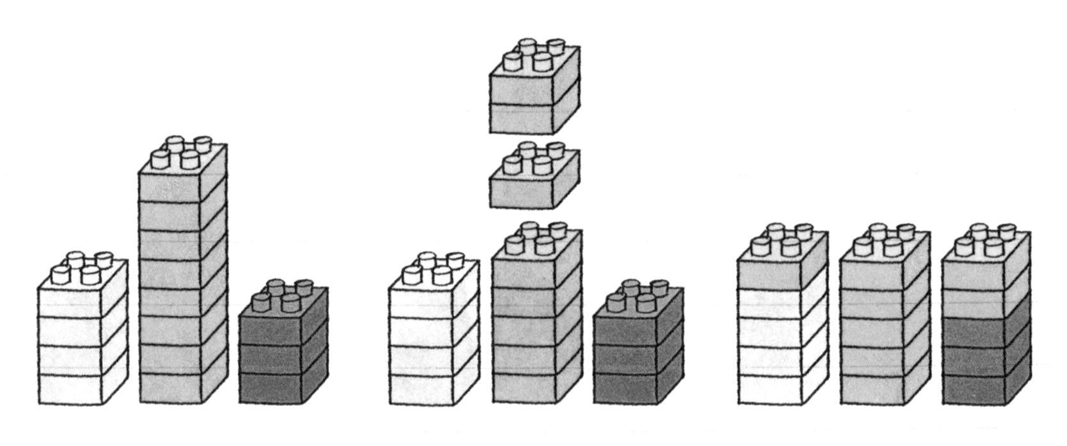

각자 쌓은 블록 개수의 평균은 5개다.

"아빠, 엄마, 석정이가 처음 가지고 있던 블록을 모두 더하면 4+8+3=15. 모두 더한 값을 사람 수로 나누면 15÷3=5. 즉, 한 사람당 5개의 블록을 쌓으면 된다는 거야. 블록을 일일이 옮기는 건 번거로우니 이렇게 식을 이용하면 간편하게 평균을 구할 수 있단다."

석정이는 아빠 말에 따라 블록을 이리저리 옮겨 서로 다른 높이를 같은 높이로 만들면서 평균의 의미를 곰곰이 생각해 보았다.

'그래서 내 성적의 평균은 중간고사도 78점, 기말고사도 78점이구나. 왠지 성적이 떨어지지 않아서 마음은 놓이네.'

엄마는 한결 표정이 풀린 석정이를 보고 웃으며 말했다.

"그렇다면 석정이가 모든 과목에서 100점을 받으면 평균이 어떻게 될까?"

'다섯 과목이 모두 100점이니까 500÷5=100. 즉, 평균은 100점!'

엄마의 큰 기대감에 부담을 느낀 석정이는 절대 이런 성적을 받을 수 없을 거라고 생각했다.

석정이는 엄마, 아빠가 알려 주신 대로 돌멩이를 이용해 아이들에게 평균을 설명해 주었다. 그러고 나서 투호 시합에서 나온 점수로 각 서당의 평균 점수를 구했다

홍찬이네 서당은 한 사람당 4개씩, 옆 마을 서당은 한 사람 당 3개씩 넣은 셈이었다. 결국 두 서당의 평균을 비교하면 석정이네 서당

각 서당의 평균 점수

홍찬이네 서당
총 40점이고 인원은 10명이니 $40 \div 10 = 4$.
홍찬이네 서당의 평균 점수는 4점.

옆 마을 서당
총 45점이고 인원은 15명이니 $45 \div 15 = 3$.
옆 마을 서당의 평균 점수는 3점.

홍찬이네 서당의 평균 점수가 옆 마을 서당보다 높다.

이 이긴 것을 알 수 있었다.

석정이가 평균을 계산하는 것을 지켜보던 아이들은 승패를 떠나서 모두 환호를 질렀다.

"인원이 서로 다를 때는 이렇게 평균을 구해서 비교하면 되는구나. 이번에도 우리가 이긴 줄 알았는데……."

옆에서 조용히 지켜보던 치우가 말했다.

"우리 투호 시합 한번 더 할래? 이제 평균을 구하는 방법을 알았으니 다시 한번 경기해 보자. 대신 이번에는 같은 서당끼리만 하지 말고 섞어서 해 볼까?"

홍찬이가 서당 아이들을 바라보며 소리쳤다.

아이들은 모두 한마음 한뜻으로 다시 한번 투호 시합을 시작했다. 이번에는 서당과 상관없이 12명, 13명으로 팀을 나누었다. 아이들은 서로 응원하며 번갈아 화살을 던졌고, 평균 점수를 계산하며 다 함께 즐거운 시간을 보냈다.

투호 시합이 끝나고 며칠 후, 석정이는 사또의 초대로 관청으로 가게 됐다. 석정이는 사또에게 이번 투호 시합에서 있었던 일과 평균에 대해 이야기했다.

이야기를 듣던 사또가 갑자기 한숨을 쉬며 말했다.

"최근 마을 앞으로 흐르는 강에 사람들이 빠지는 사고가 늘어나고 있단다. 앞으로 마을 사람들이 강에 빠지지 않도록 강의 깊이를 파악해 푯말을 세워 두려는데 어떻게 하면 좋을지 고민이야."

사또의 고민을 듣던 석정이는 문득 수학 시간에 선생님이 들려준 이야기가 떠올랐다. 선생님은 수업 시간에 아이들이 지루해할 때면 여러 가지 재미있는 이야기를 들려줬다.

"옛날 어떤 마을 앞에 강이 흘렀는데, 사람들은 강의 깊이를 알지 못해 강을 건너는 걸 두려워했대. 어느 날 그 마을을 다스리는 사또가 긴 자를 이용해 강의 평균 깊이를 구하고는 강 입구에 푯말을 세웠어.

'수심 평균 110cm'라는 푯말을 세우고 나서부터 키가 110cm가 넘는 사람들은 마음 놓고 강에 들어가 수영도 하고 물고기도 잡게 됐다고 좋아했단다. 그런데 이상하게 그때부터 더 많은 사람들이 물에 빠져 죽게 됐고 마을에는 흉흉한 소문이 돌기 시작했대."

아이들은 선생님 이야기에 푹 빠져서 귀를 쫑긋 세웠다.

"얘들아, 이게 어떻게 된 일일까?"

선생님이 물어보았지만 대답하는 아이는 한 명도 없었다. 순간 석정이가 손을 들고 말했다.

"물속에 귀신이 있었나 봐요."

석정이의 대답에 아이들 모두 낄낄거리며 웃었다. 웃음이 잦아들자 선생님은 이어서 말했다.

"평균 깊이가 110cm라는 것은 강 전체 깊이가 전부다 110cm라는 것이 아니야. 강의 어느 부분은 110cm보다 깊을 수도 있고 얕을 수도 있다는 거란다. 특히, 강의 중간 부분은 엄청 깊어서 200cm가 될 수도 있지."

석정이는 수업 시간에 선생님이 들려준 이야기를 그대로 사또님에게 했다.

"만약 사또님께서도 강 입구에 강의 평균 깊이를 적으시려거든 반드시 가장 깊은 곳의 깊이도 함께 적어 주세요."

석정이는 사또님에게 당부의 말도 덧붙였다.

"이번에도 석정이가 마을의 문제를 해결해 주었구나. 정말 고맙다. 네 말을 명심하마."

사또님은 강 문제가 해결되자 이번엔 마을 사람들이 얼마나 행복하게 잘 살고 있는지 궁금했다. 마을 사람들이 밥은 잘 먹고 다니는지, 아프지는 않은지, 편안하게 사는지 알고 싶었다.

"일주일 동안 얼마큼 쌀을 먹는지 조사해서 우리 마을 사람들이 끼니를 잘 챙기는지부터 살펴봐야겠구나."

사또님은 의미심장한 표정으로 말했다.

"어떻게 하면 마을 사람들이 끼니를 잘 챙기는지 알 수 있을까요?"

"내 생각에는 네 살 이상의 마을 사람을 기준으로 1인당 먹은 쌀의 양을 조사해서 평균을 구하고, 그 평균에 미치지 못하는 사람들에게는 쌀을 더 나누어 주면 어떨까 하는데."

사또님은 오랫동안 고민해 온 마을 사람들의 생활수준을 파악하는 문제를 석정이가 알려 준 평균으로 해결할 수 있다는 사실에 마음이 설렜다.

"그럼, 지금 당장 조사를 시작하도록 하자."

그날 즉시 사또님은 같은 크기의 작은 그릇을 여러 개 준비하여 마을 사람들에게 나누어 주었다. 크기가 밥그릇보다 작았는데 움푹 팬 간장 종지만 했다.

마을 사람들은 매 끼니 밥을 지을 때마다 사또님이 나누어 준 작은 그릇으로 쌀을 퍼서 밥을 했다. 그리고 사또님의 지시에 따라 작은 그릇으로 쌀을 풀 때마다 부엌 한쪽 벽에 붙인 종이에 그 횟수를 잊지 않고 표시했다.

드디어 일주일이 지났다. 사또님과 석정이는 함께 각 집에서 일주일 동안 밥을 지은 쌀의 양을 조사했다. 그리고 먹은 쌀의 양을 가족 수로 나누어 각 집에서 1인당 먹은 쌀의 양을 구해 정리했다. 이때 네 살 이상인 사람만 가족 수로 넣었고 네 살 미만의 아이가 먹는 양은 적으므로 가족 수에서 제외했다.

마을의 모든 집을 정리하고 보니 사람들이 먹는 쌀의 양이 집집마다 매우 달랐다. 일주일 동안 간장 종지만 한 그릇으로 겨우 5~7그릇을 먹는 사람도 있었고, 30그릇이나 먹는 사람도 있었다.

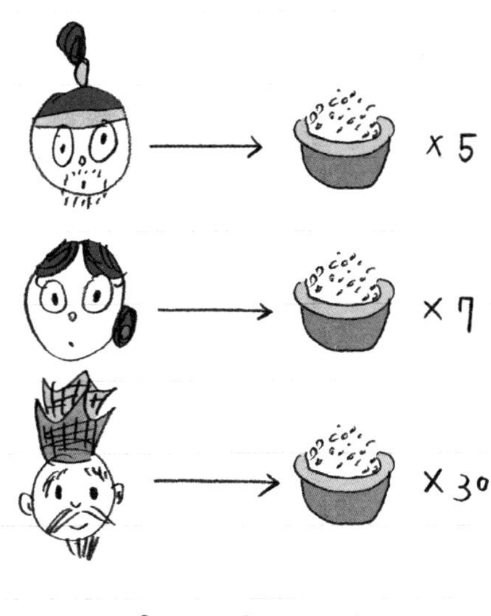

<1인당 먹은 쌀의 양>

사또님은 마을에 잘사는 사람과 그렇지 못한 사람이 있다는 것은 알고 있었지만, 막상 일주일 동안 1인당 먹은 쌀의 양을 구해 보니 집집마다 크게 차이가 난다는 사실에 안타까워했다.

석정이는 서둘러 100가구에서 1인당 먹은 쌀의 양의 평균을 구해 보았다. 각 집에서 1인당 먹은 쌀의 합을 구해 보니 1,500그릇이었다. 이를 가구 수 100으로 나누니 15가 나왔다. 즉, 가구당 한 사람이 먹는 쌀의 평균이 15그릇이었다.

이 사실을 알게 된 사또는 서둘러 평균 15그릇에 못 미치는 집에 가족 수만큼 쌀을 더 나누어 주었다. 아울러 앞으로 세금을 걷을 때 집집마다 이러한 사정을 고려해 걷겠다고 마을 사람들에게 전

했다.

사또님의 말을 전해 들은 마을 사람들은 관청으로 모여들어 사또님에게 연신 절하며 말했다.

"사또님께서 이렇게 우리 사정을 살펴 주시다니, 정말 고맙습니다."

"우리 집은 그동안 쌀이 부족해 쌀을 불려서 먹거나 다른 집에서 빌리기 일쑤였는데 정말 고맙습니다."

사또님은 그동안 마을 사람들이 잘 지내고 있다는 보고만 듣고 사람들의 생활을 보살피지 못한 것이 후회가 됐다.

사또님은 평균을 활용해 마을 사람들의 생활을 엿볼 수 있었던 방법을 임금님에게 아뢰었다.

이 사실을 전해 들은 임금님 역시 백성들의 생활을 의식주 여러 방면에서 살펴보기 위해 신하들에게 다음과 같이 명령했다.

"나라의 근간은 백성이다. 백성이 있어야 나라가 있는 것이다. 지금부터 백성들의 생활이 어떤지 조사하려고 한다. 조사를 빠르고 쉽게 하기 위해 앞으로 모든 신하는 산학 공부에 더욱 정진하도록 하여라."

석정이는 평균을 활용해 어려운 사람들을 도왔다는 생각에 마음이 울컥했다.

'내가 알고 있는 이 작은 수학 지식이 다른 사람의 생활을 행복하

게 할 수 있구나.'

그때, 석정이의 봇짐 안에서 문자 알림음이 울렸다.

평균을 통해 투호 시합에서 이겼고
마을 사람들의 빈곤 문제를 해결했습니다.

6단계 통과입니다.

- 수수께끼 맨

석정이의 일기장

평균으로 어떤 문제를 해결할 수 있을까?

투호 시합을 할 때 각 팀의 인원 수가 다르면 평균을 이용해 점수를 계산하고 비교하면 된다.

마을 사람들이 먹는 쌀의 양을 조사하고 평균에 못 미치는 사람들의 생활을 도와주는 데 평균을 이용했다.

석정이가 일주일 동안 외운 한자 수를 아래와 같이 표로 나타냈다. 석정이는 하루에 평균 몇 개의 한자를 외웠을까?

요일	월	화	수	목	금	토	일
외운 한자 수	5개	8개	3개	12개	17개	13개	12개

7 과학 지식으로 왜적을 무찔러라

날씨가 무더운 어느 여름날, 훈장님은 땀을 흘리고 있는 서당 아이들을 바라보며 말했다.

"내 어릴 적 친구가 남쪽 바닷가 근처에 살고 있어서 오랜만에 보러 가려는데 같이 갈 사람이 있느냐?"

더위에 지친 서당 아이들은 너도나도 훈장님을 따라가고 싶다고 소리쳤다. 훈장님은 아이들의 환호에 수염을 한 손으로 쓸면서 말했다.

"그래그래. 대신 안전을 생각해 부모님 중 한 분이 같이 가실 수 있는 사람만 갈 수 있다."

서당 아이들은 저마다 집으로 돌아가 부모님께 말씀드렸지만 바쁜 여름에 하던 일을 멈추고 먼 바닷가까지 함께 갈 수 있는 분은 아무도 안 계셨다.

결국 훈장님과 함께 남쪽 바닷가로 가게 된 사람은 석정이와 홍찬이 그리고 홍찬이 할아버지였다. 할아버지는 때마침 바닷가에 가서 여름 별자리를 관찰하고 싶던 차여서 홍찬이 부모님 대신 흔쾌히 두 아이와 함께 남쪽 바닷가에 가기로 했다.

훈장님, 할아버지, 홍찬이, 석정이는 멀고 먼 여행을 떠나게 됐다. 걷기도 하고, 수레도 타고 몇날 며칠을 가다 보니 드디어 저 멀리 바다가 보였다. 네 사람은 무척이나 피곤했지만 바다를 보자 마음이 들떴다.

조금 더 걸어 바닷가 근처 마을에 도착했다. 할아버지는 마을 사람들에게 별자리가 잘 보이는 곳을 물어보러 갔고, 훈장님은 곧장 친구 집으로 향했다. 그동안 석정이와 홍찬이는 바닷가에서 거북이를 만나 함께 놀았다.

저 멀리서 할아버지와 훈장님이 둘을 향해 다가왔다. 친구 집에 다녀온 훈장님은 어두운 얼굴이었다.

"가는 날이 장날이라고, 친구가 지금 관청에 가서 며칠 있다가 온다고 하는구나. 대신 집에 우리가 머물 방을 미리 마련해 두었더구나. 날이 어둡기 전에 그리로 가자."

석정이 일행은 서둘러 바닷가 가까이에 위치한 작고 깨끗한 집으

로 들어갔다. 훈장님 친구가 살고 있는 집은 화려하지는 않았지만 오래되어 보이는 가구와 물건이 주인이 부지런하고 검소한 사람임을 알려 주는 것 같았다.

네 사람이 각자 앞으로 며칠간 머물 집을 둘러보고 있는데 옆집에 사는 할머니가 대문을 열고 들어왔다. 옆집 할머니는 훈장님 친구에게 멀리서 손님이 온다는 소식을 미리 들었기에 네 사람을 더욱 반겨 주었고, 아직 저녁을 먹지 못한 석정이 일행을 위해 맛있는 음식도 챙겨 주었다.

석정이와 홍찬이는 한양에서도 먹기 어려운 귀한 생선구이를 먹으며 정말 행복해했다. 한참을 정신없이 먹고 있는데 갑자기 할머니가 말을 꺼냈다.

"바닷가에 인적이 없어지면 괜히 돌아다니지 말고 빨리 집으로 돌아오도록 해요. 요새 왜구가 변장하고 우리 마을을 둘러본다는 이야기가 있어요. 괜히 수상한 사람 따라가지 말고 항상 조심 또 조심해야 해요."

홍찬이가 허겁지겁 밥을 먹다가 놀라서 먹는 것을 잠시 멈추고 말했다.

"왜구라고요? 여기 일본 사람이 있다고요?"

"그래, 요새 왜구가 밤에 몰래 배를 타고 우리 마을로 온다는 소문이 있어. 갑자기 널어 둔 생선이 없어지거나 곡식 창고에 도둑이

약탈을 일삼았던 왜구

왜구는 13~16세기에 우리나라와 중국의 해안에서 약탈하던 일본의 해적을 가리키는 말이다. 13세기 이전에도 왜구가 있었다는 기록이 존재한다. 고려와 조선의 조정은 군사를 보내 이들을 물리치거나, 협상을 벌여 침입과 약탈을 막으려 했지만 완전히 없애지는 못했다.

왜구가 약탈하는 모습을 그린 회화

들기도 했지. 그래서 이 집 주인이 그 사건을 조사하기 위해 관청으로 간 거란다."

할머니는 혹시 누가 들을까 봐 작은 목소리로 말했다.

다음 날 아침, 석정이와 홍찬이는 아침 반찬으로 또 생선을 먹게 될 거라는 기대를 안고 일찌감치 눈을 떴다. 아침 일찍 일어난 석정이와 홍찬이를 본 할머니는 둘에게 배가 들어오는 곳으로 심부름을 시켰다.

석정이와 홍찬이는 맑은 날씨와 시원한 바람, 갈매기 울음소리와 파도치는 소리를 들으며 멀리 여러 척의 배가 보이는 곳에 도착했다. 그때 둘은 멀리서 어떤 사람이 큰 막대 끝에 깃발을 걸어 두는 것을 보았다.

"석정아, 저 사람 혹시 일본 사람이 변장한 건 아닐까? 왜 아침부터 저렇게 특이한 깃발을 걸고 있지?"

석정이도 홍찬이 말에 머리를 끄덕이며 말했다.

"그러게, 바닷가에서 물고기를 잡는 것도 아니고 이렇게 이른 아침에 뭐 하는 거지? 혹시 다른 왜구에게 깃발로 신호를 보내는 건가? 어떡해, 큰일이야!"

"빨리 집으로 돌아가서 할아버지와 훈장님께 이 사실을 알려 드리자."

다른 사람이 들을까 봐 홍찬이는 작은 목소리로 말했다.

"아니야, 그사이에 저 사람이 다른 곳으로 가 버리면 어떡해. 둘 중에 한 명만 집으로 가서 말하고 올까? 아니야, 아니야. 그러다가 저 사람에게 잡혀서 다시는 돌아오지 못할 수도 있어."

석정이는 몸을 부르르 떨면서 말했다.

"그럼 우리 저 사람이 뭘 하는지 조금만 더 지켜보고 같이 집으로 가서 알리자."

홍찬이가 석정이를 바라보며 결심한 듯 말했다.

석정이와 홍찬이는 바위 뒤에 숨어 수상한 사람의 행동을 조용히 지켜보았다. 그 사람은 막대 끝에 묶어 놓은 깃발을 가만히 한참 쳐다보다가 봇짐에서 여러 물건을 꺼내 바다에 담그기 시작했다.

"저것 봐. 저 사람, 봇짐에서 뭘 꺼내는데."

석정이가 크게 말해서 하마터면 수상한 사람에게 들킬 뻔했다.

잠시 후, 그 사람이 바닷가 근처의 가장 높은 절벽 쪽으로 성큼성큼 걸어갔다. 석정이와 홍찬이는 이를 놓치지 않고 그 뒤를 따라 조용히 걸어갔다.

이어서 수상한 사람은 좁은 비탈길을 지나 수풀이 우거진 곳으로 들어갔고 석정이와 홍찬이 역시 멀리서 그를 따라갔다. 한참 동안 수풀 속을 뒤따라가던 둘은 어느 순간 수상한 사람이 눈앞에 보이지 않자 이리저리 주위를 둘러보았다.

"어, 어디로 갔지?"

석정이가 당황하며 허둥지둥 수풀을 헤치다가 바닥에 있던 밤송이를 밟았다.

"앗, 따가워!"

그 순간 수풀 사이에서 무언가가 달려오더니 석정이와 홍찬이 앞

을 막아섰다. 둘은 너무 놀라 뒤로 넘어지며 엉덩방아를 찧고 말았다.

"아이쿠, 호랑이가 나타났나? 귀신인가?"

겁에 질린 석정이와 홍찬이는 고개도 들지 못하고 엎드려서 연신 두 손을 싹싹 빌었다. 용기를 내어 천천히 고개를 들어 바라보니 눈앞에 그 수상한 사람이 서 있었다.

"너희는 이 마을에서 못 보던 아이들인데. 왜 나를 따라 온 거냐?"

수상한 사람이 석정이와 홍찬이를 내려다보며 큰 목소리로 말하자 홍찬이가 깜짝 놀라며 말했다.

"석정아, 일본 사람이 아닌가 봐."

"설마 너희 둘, 내가 일본 사람이라고 생각한 거니? 왜 그렇게 생각했지?"

수상한 사람은 두 아이를 일으켜 세우며 아까와는 달리 부드러운 목소리로 말했다.

"저희는 멀리 한양에서 훈장님을 따라 함께 내려왔어요. 아저씨가 바닷가에서 큰 막대에 깃발을 꽂는 수상한 행동을 하시길래, 저희는 일본 사람이 변장해서 다른 왜구에게 신호를 보내는 건 줄 알았어요."

석정이는 여전히 아저씨가 일본 사람일지도 모른다는 의심의 눈초리로 위아래를 살피며 말했다.

"아, 너희가 혹시 석정이와 홍찬이니?"

"네, 저희 이름을 어떻게 아셨죠?"

석정이와 홍찬이는 아저씨가 더욱 의심스러웠다.

"난 너희를 여기에 초대한 사람이야."

수상한 사람은 사실 훈장님의 어릴 적 친구로 한양을 떠나 전라도에서 근무하는 무관이며 바닷가를 지키는 장군이었다.

수풀을 헤쳐 다시 마을로 내려온 세 사람은 곧장 할아버지와 훈장님이 계신 집으로 향했다. 집에 도착하니 할아버지와 훈장님이 할머니가 차린 아침을 막 먹으려던 중이었다. 훈장님은 들고 있던 숟가락을 놓으며 친구와 손을 맞잡고 세상 누구보다 반가워했다.

"자네는 어렸을 때와 똑같구먼. 눈에 아직도 총명함이 가득해. 내 제자들이 자네의 총명함과 나라를 사랑하는 마음을 배우고 한양으로 돌아갔으면 좋겠네."

훈장님이 장군님을 뚫어지게 바라보며 말했다.

"나도 자네가 이렇게 먼 길을 와 준 것에 고마움이 크네. 자네 제자들이 총명하고 용기도 뛰어나 오히려 내가 배우고 싶은 마음이 크네."

★ **자초지종**
처음부터 끝까지의 과정을 이르는 말.

이어서 장군님은 석정이와 홍찬이를 만났던 ★ 자초지종을 이야기했다.

"그래, 그래서 아이들이랑 같이 왔구먼. 그럼 우리 오랜만에 만났으니 맛있는 것도 먹고 예전 이야기도 하며 시간을 보내면 어떻겠는가?"

훈장님은 친구와 즐거운 시간을 보낼 수 있다는 생각에 행복한 표정을 지으며 말했다.

"나도 그러고 싶네만, 요새 왜구가 자꾸 우리 해안가를 찾아오고 있어. 왜구의 움직임이 심상치 않아 임금님도 걱정이 많으시다네. 동태를 보아하니 아무래도 조선을 침략하려고 준비 중인 것 같은데, 일본에서 가장 가까운 우리 지역이 꽤 위험할 것 같아. 그래서 나는 전라도 바닷가를 지키는 장군으로서 임금님의 명을 받아 조선 앞바다를 지키기 위해 연구를 하고 있다네."

방금 전 옛 친구를 만나 행복한 웃음을 짓던 장군님은 어느새 근심이 가득한 표정을 지으며 말했다.

"장군님, 어떤 연구를 하고 계시는데요?"

궁금증을 참지 못한 석정이가 긴 침묵을 깨고 물었다.

"내 연구가 궁금하니? 그럼 이따 해가 저문 뒤에 함께 바다로 나

갈까?"

어느새 해가 저물고 저녁을 먹은 후에 석정이 일행은 모두 장군님을 따라 깃발이 펄럭이는 바다로 향했다.

"장군님, 아침에 왜 큰 막대에 깃발을 꽂아 두신건가요?"

석정이가 아침에 봤던 깃발을 가리키며 장군님에게 물었다.

"바람의 방향을 잘 알아야 배를 띄웠을 때 잘 움직일 수 있지."

장군님은 바람에 휘날리는 깃발을 바라보며 말했다.

"바람의 방향이요? 바람이 여기저기서 부는 것 같은데."

낮과 밤에 깃발이 휘날리는 방향이 다르다.

홍찬이가 손을 들어 바람을 느끼며 말했다.

"아니야, 홍찬아. 바람이 여기저기서 부는 것 같지만 달라진 것이 있어. 잘 봐. 오늘 아침에 본 깃발은 육지 쪽 방향으로 휘날렸는데, 해가 저문 지금 보면 바다 쪽으로 방향이 바뀌었어. 아, 그러고 보니 이런 것을 예전에 본 적이 있는데."

석정이가 깃발을 바라보며 눈을 지그시 감았다.

햇볕이 쨍쨍 비치는 무더운 여름날, 석정이는 가족과 바닷가 근처 모래사장에 앉아 있었다. 바다 가까이에 있는 외할머니 댁에 간 석정이는 외할머니가 직접 잡아 온 생선으로 차린 맛있는 점심을 먹고, 바닷가로 가서 해수욕도 하고 모래사장에서 엄마, 아빠와 함께 공을 주고받으며 놀았다. 그런데 이상하게 던질 때마다 공이 계속 육지 쪽으로 날아가기 일쑤였다.

"바람이 너무 많이 불어요. 제가 다시 던져 볼 테니 엄마가 제 공을 받아 보세요."

석정이가 바다로 들어간 엄마를 바라보며 공을 힘차게 던졌다. 하지만 이번에도 공은 엄마가 있는 바다가 아닌 육지 쪽으로 날아갔다.

'에잇, 텔레비전을 보면 모래사장에서 멋지게 공을 주고받으며 놀던데. 바람 때문에 계속 이상한 곳으로 날아가잖아.'

석정이는 계속 불어오는 바람이 야속하기만 했다.

낮 동안 바닷가에서 신나게 논 석정이 가족은 뜨거운 해가 바닷속으로 사라지자 다시 외할머니 댁으로 돌아가 저녁을 먹었다.

"석정아, 오늘 바닷가에서 즐거웠니?"

아빠가 맛있게 생선을 먹고 있는 석정이를 바라보며 물었다.

"네, 재밌었어요. 바다에서 수영도 하고, 모래사장에서 공도 던지고. 그런데 공이 계속 바람에 날아가서 던지기 힘들었어요."

석정이가 공놀이하던 모습을 떠올리며 아쉬운 듯 말했다.

"우리 석정이가 공이 바람에 날려서 조금 아쉬운 모양이구나. 그럼 밤바다도 좋으니 지금 해변에 같이 나가 볼까? 저녁도 배불리 먹었으니 바람도 쐴 겸 말이지."

석정이와 아빠는 낮에 재미있게 놀았던 바닷가로 다시 향했다. 엄마는 쌀쌀한 바닷가에서 석정이가 감기라도 걸릴까 봐 걱정이 되어 손수건을 석정이 목에 감아 주었다.

외할머니 댁에서 나온 석정이와 아빠는 달빛이 환하게 비치는 바닷가에 도착해 천천히 산책했다. 어두컴컴한 밤이었지만 달빛이 있어 모래사장에 앉아서 바다를 바라보는 사람, 모래사장을 걸어가는 사람이 모두 잘 보였다.

석정이는 멋진 밤바다 풍경을 바라보며 기분이 좋아져 뛰어다니는 바람에 목에 느슨하게 묶여 있던 손수건이 풀려 어디론가 날아가 버렸다.

"어, 어디로 갔지?"

석정이가 두리번거리며 바람에 날아간 손수건을 찾았다. 손수건은 이미 석정이가 서 있던 모래사장에서 바다 쪽으로 날아가고 있었다. 손수건은 마치 바람에 몸을 맡긴 것처럼 훨훨 날아가더니 바다 위에 살포시 떨어졌다.

"석정아, 내가 주워 올게."

아빠는 파도에 손수건이 멀리 떠내려갈까 봐 신발도 벗지 않고 다급하게 바다로 들어가 손수건을 주워 왔다.

"이런, 신발이 다 젖었네요."

두 사람이 걱정되어 뒤따라온 엄마가 석정이 뒤에 서 있었다. 다

시 바닷가에 모인 석정이 가족은 모래사장 위에 앉아 밤바다를 바라보았다.

"아빠, 궁금한 게 있는데요. 낮에는 분명히 공이 육지 쪽으로만 날아갔거든요. 그래서 저는 이번에도 손수건이 육지 쪽으로 날아갈 거라고 생각했어요. 그런데 반대로 바다 쪽으로 날아갔어요. 원래 바닷가 바람은 바다에서 육지 쪽으로 부는 거 아닌가요? 오늘 낮에는 바람이 계속 그렇게 불었거든요."

석정이가 쌀쌀해진 바닷바람에 몸을 움츠리며 말했다.

"우리 석정이가 해풍과 육풍이 궁금하구나."

바닷가에서 자란 엄마가 석정이를 꼭 안으며 말했다.

"그렇다면 먼저 바람의 이동에 대해서 알아야겠는걸."

엄마의 말에 이어 아빠가 말했다.

"석정아, 공기가 따뜻해지면 위로 올라가는 건 알고 있니?"

아빠가 손을 아래에서 위로 올리며 물었다.

"당연히 알죠. 과학 시간에 실험도 했어요. 공기가 따뜻해지면 위로 올라가고 온도가 낮은 공기는 따뜻한 쪽으로 이동하는 거잖아요. 그래서 뜨거운 난로는 아래쪽에 놓아야 하고 차가운 에어컨은 위쪽에 놓아야 하죠."

석정이가 어깨를 으쓱이면서 자신 있게 말했다.

"그렇지, 석정이가 잘 알고 있구나. 여기 육지와 바다 위에 있는 공기는 데워지는 속도가 다르단다. 햇볕이 강한 낮에는 **모래로 된 육지가 물로 된 바다보다 빠르게 온도가 올라가지. 뜨거워진 육지의 공기는 위로 올라가고 빈 공간으로 바다의 공기가 이동하는 거야.** 그래서 낮에는 바다에서 육지로 바람이 부는 거란다."

아빠는 나뭇가지를 하나 집어서 모래사장 위에 낮에 공기가 이동하는 방향을 그렸다.

"반면에 밤에는 뜨거운 햇볕이 없기 때문에 육지와 바다의 열기가 식게 되지. 이때 **모래로 된 육지는 물로 된 바다보다 빠르게 온도가 내려가기 때문에 육지가 바다보다 온도가 낮지. 온도가 높은 바다의 공기는 위로 올라가고 빈 공간으로 육지의 공기가 이동하는 거란**

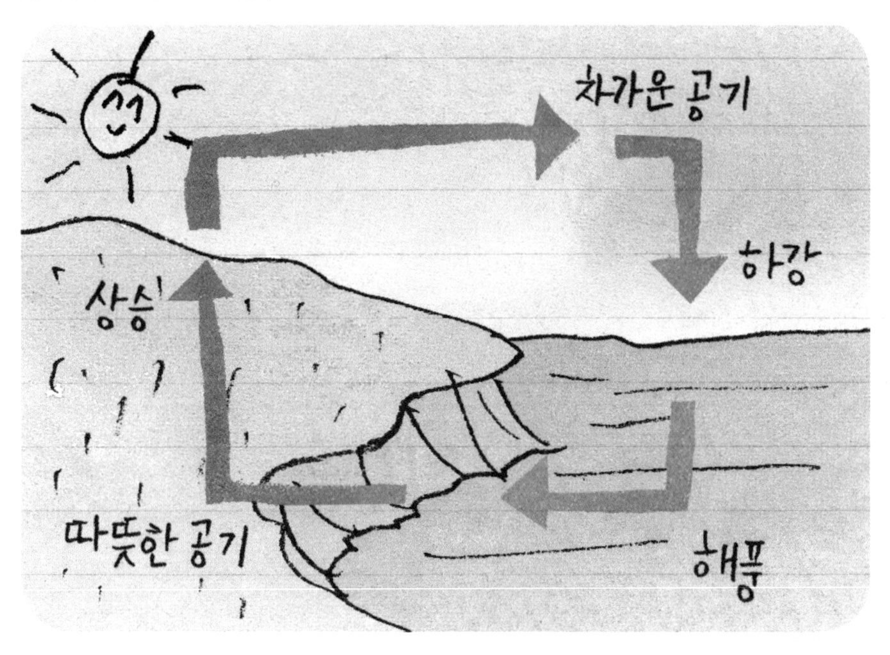

낮에는 바다에서 육지로 해풍이 분다.

다. 그래서 이번엔 바람이 육지에서 바다로 부는 거야."

아빠가 이번에는 밤에 공기가 이동하는 방향을 그리며 말했다.

"이 때문에 **낮에는 바다에서 육지로 부는 해풍, 밤에는 육지에서 바다로 부는 육풍이 되는 거란다.**"

엄마는 아빠가 그린 그림을 가리키며 말했다.

"아, 그래서 낮에는 해풍 때문에 공이 육지 쪽으로 왔고, 밤에는 육풍 때문에 손수건이 바다 쪽으로 간 거네요."

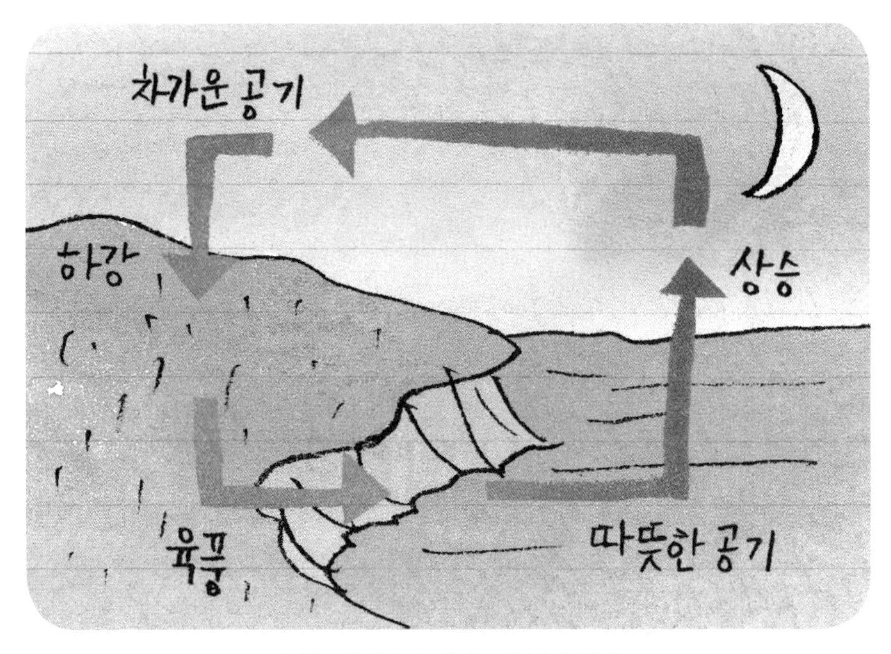

밤에는 육지에서 바다로 육풍이 분다.

석정이는 부모님 덕분에 새로운 사실을 알게 되어 무척 기뻤다.

다음 날 햇볕이 뜨거운 바닷가에서 엄마가 공을 던지자 석정이는 공이 육지 쪽으로 올 것을 예상하고 몸을 재빠르게 움직여 공을 잡았다.

"이제 낮에 부는 해풍을 알게 되어 바람에 날리는 공을 잡을 수 있어요."

석정이는 신이 나서 공을 잡고 바다로 뛰어 들어갔다.

"홍찬아, 지금 육풍이 불고 있어."

석정이는 환한 달빛을 느끼며 감고 있던 눈을 뜨면서 말했다.

"뭐라고? 무슨 풍이라고?"

홍찬이가 석정이를 바라보며 말했다.

"지금은 밤이니까 바람이 육지에서 바다로 불고 있어. 그래서 깃발도 바다 쪽으로 펄럭일 거고. 저기 봐, 내 말이 맞지. 아마 내일 낮에는 바람이 바다에서 육지로 불 거야. 그럼 깃발이 육지 쪽으로 펄럭이겠지."

석정이가 바다 쪽으로 휘날리고 있는 깃발을 쳐다보며 말했다.

"석정아, 바람의 방향을 어떻게 알았니? 왜 낮과 밤에 바람이 부는 방향이 다른 거야?"

홍찬이가 고개를 갸우뚱했다. 궁금해하는 홍찬이를 위해 석정이는 막대기로 바닥에 그림을 그려 가며 그 이유를 설명해 주었다.

이 모습을 지켜보던 할아버지와 훈장님은 무릎을 탁 치며 놀라워했다. 반면에 장군님은 심각한 표정으로 석정이를 바라보며 말했다.

"석정이 네 말대로라면 낮과 밤에 부는 바람의 방향이 반대란 말이지?"

석정이는 고개를 끄덕였다. 장군님은 막대에 꽂았던 깃발을 풀어 귀퉁이를 잡고 바람의 방향을 다시 살폈다.

"드디어 한 가지 궁금증이 풀렸구나."

장군님은 흐뭇한 표정으로 석정이를 쳐다보았다.

다음 날, 햇볕이 쨍쨍한 낮에 석정이는 할아버지, 홍찬이와 함께 다시 바닷가로 나왔다. 홍찬이는 장군님처럼 모래사장에 막대를 꽂고 깃발을 걸었다. 그러자 깃발은 바람의 흐름에 따라 육지 쪽으로 펄럭였다.

"석정아, 정말 낮에는 바람이 육지 쪽으로 불어. 신기해."

홍찬이가 육지 쪽으로 휘날리는 깃발을 신기하게 쳐다보며 말했다.

어느덧 시간이 흘러 어두운 밤이 됐다. 밤이 되자 홍찬이가 걸어 둔 깃발은 바다 쪽으로 휘날리기 시작했다. 셋은 모래사장에 앉아 달빛이 비치는 바다를 함께 쳐다보았다.

"석정아, 너는 도대체 모르는 게 뭐야?"

홍찬이가 눈을 빛내며 석정이에게 물었다.

"다 알기는……. 나는 집에 가는 방법을 모르잖아."

석정이가 고개를 숙이며 힘없이 말하자 이를 바라보던 할아버지가 석정이를 꼭 안아 주었다.

다음 날 아침, 할머니가 차린 생선 반찬을 실컷 먹은 석정이와 홍찬이는 바닷가로 나가 장군님을 돕기로 했다. 장군님은 바다에 떠 있는 왜선을 연구하고 있었다.

연구에 집중하던 장군님은 석정이와 홍찬이가 온 것을 보고 말을 꺼냈다.

"바닥이 뾰족한 형태인 왜선은 굉장히 빨라. 만약 일본이 그 빠른 속력을 이용해 우리나라를 공격한다면 큰 피해를 입을 거야."

얼마 전, 도둑질하러 온 왜구를 조사한 장군님은 바닥이 뾰족한 형태의 배가 일본에서 일반적으로 사용하는 배라는 것을 알고 연구하는 중이었다.

"그럼 우리나라도 일본처럼 바닥을 뾰족하게 만들면 되잖아요."

석정이가 고민하고 있는 장군님을 바라보며 말했다.

"석정이 말처럼 왜선과 비슷한 배를 만든다고 해도, 우리나라 바다는 물살의 속력과 방향이 급작스럽게 바뀌고 파도도 강해 속력만 빠른 것으로는 부족해. 지금 보고 있는 왜선도 속력과 방향이 급격하게 변하는 우리나라 바다에서는 빠르게 움직이지 못하거든."

속력

단위시간 동안에 물체가 이동한 거리를 말한다. 속력의 단위는 m/s, km/h, cm/s, m/min 등이 있다.

$$속력 = \frac{(이동한\ 거리)}{(걸린\ 시간)}$$

장군님은 왜선을 만지며 말했다.

"그렇다면 왜선처럼 바닥을 뾰족하게 하지 않고 평평하게 하면 어떨까요? 바닥이 평평하면 급격하게 변하는 바다와 강한 파도를 잘 버티지 않을까요?"

석정이가 부모님과 함께 타 보았던 옛날 배를 떠올리며 말했다.

"평평한 바닥이라면 이미 우리나라에는 판옥선이라는 배가 있어. 이 배는 바다 위 제자리에서 한 바퀴 회전이 가능하지. 하지만 속력이 느리다는 단점이 있어. 과연 일본이 쳐들어왔을 때 이 배가 제 역할을 할지 걱정이 앞선단다."

장군님이 근심 가득한 표정으로 말했다.

"음, 그렇다면 이렇게 하면 어떨까요? 왜선을 물살이 급격하게 변하고 파도가 많이 치는 곳으로 유인하는 거예요. 그러면 왜선이 움직이기 힘드니 판옥선의 공격을 받고 패하지 않을까요?"

석정이가 역사 시간에 배운 내용을 말했다.

"그래, 배의 특성을 고려해 전투할 곳의 환경을 활용하는 것도 좋은 방법이구나."

장군님이 석정이 생각에 동의하며 말했다. 석정이와 홍찬이는 장군님을 따라 한참 걸어서 이번에는 판옥선을 보러 갔다.

도착한 곳에는 정말 큰 배가 바다 위에 떠 있었다. 어찌나 높고 큰지 깃발의 끝이 보이지 않았다. 돛도 두 개나 달려 있고 배의 바닥도 왜선보다 평평했다. 석정이는 판옥선을 역사 시간에 동영상과 사진으로 본 적이 있지만 이렇게 직접 보니 그 규모와 웅장함에 넋을 잃었다.

그 옆에는 조금 전에 본 왜선이 바다 위에 떠 있었는데 판옥선과 비교하니 바닥이 정말 뾰족하고 크기도 작았다. 석정이와 홍찬이는 판옥선과 왜선을 유심히 살펴보다가 모양과 크기뿐만 아니라 또 다른 차이점을 발견했다.

"장군님, 판옥선과 왜선에 사용된 나무가 다른 것 같은데요."

석정이가 눈을 동그랗게 뜨며 말했다.

"석정이가 관찰력이 좋구나. 판옥선은 소나무를 사용하는데, 소나무는 굽어 있는 경우가 많아. 그래서 두껍게 가공을 해야 하지. 반면에 왜선은 소나무보다 두께가 얇아 제작이 간편한 삼나무나 전나무를 쓴단다."

"그런데 이렇게 무거운 나무

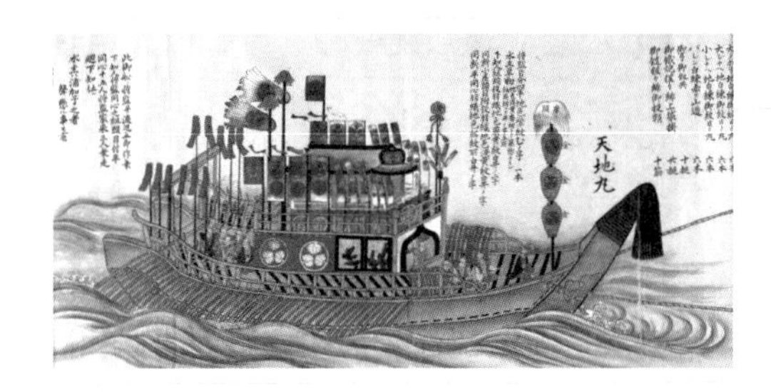

왜선

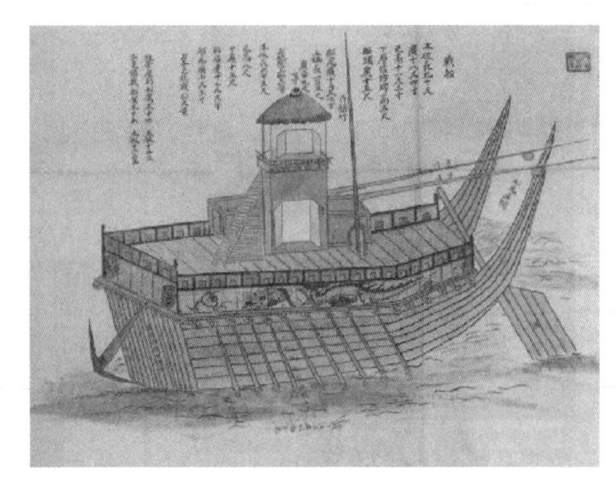

판옥선

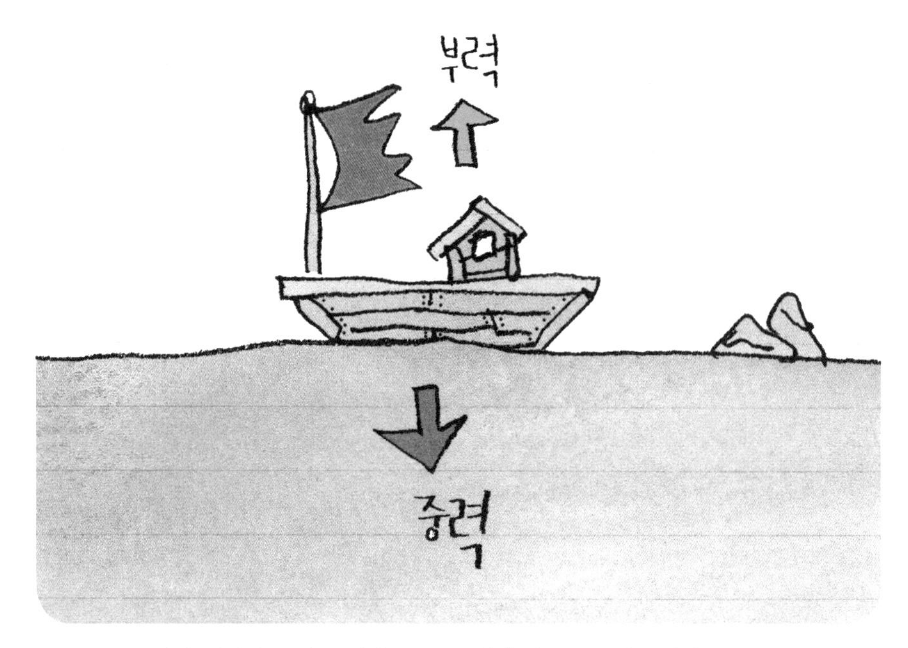

배가 밀어낸 물의 무게만큼(중력) 힘이 위쪽으로 작용한다.(부력)

로 만든 배가 왜 물에 가라앉지 않고 뜰 수 있는 거죠?"

홍찬이가 모래사장 위에 있는 소나무를 들어 보며 물었다.

"그건 내가 설명해 줄게. 과학 시간에 비슷한 실험을 한 적이 있거든."

석정이가 홍찬이를 바라보며 웃으며 대답했다.

"그건 바로 부력 때문이야. **부력은 물체가 물 위에 뜨는 힘을 말해. 물 위에 떠 있는 배가 밀어낸 물의 무게만큼 힘이 위쪽으로 작용해 배의 무게와 반대로 물 위에 뜰 수 있게 하지.** 그래서 배가 가라앉지 않고 물 위에 떠 있는 거야.”

석정이가 바다 위에 나무판자를 올리자 가라앉지 않고 둥둥 떠 있었다.

“그럼 나무판자와 비슷한 무게인 돌멩이를 물 위에 놓아도 뜨겠네. 어, 가라앉는데?”

홍찬이가 나무판자와 무게가 비슷한 돌멩이를 주워 바다 위에 놓으니 돌멩이는 바로 가라앉았다.

“그러게 신기하네? 나무판자는 뜨는데 무게가 비슷한 돌은 왜 가라앉는 거지?”

석정이도 이리저리 돌멩이를 물 위에 뜨게 하려고 애를 썼지만 실패했다.

“그건 바로 ㊍표면적 때문이야. 자, 이걸 보렴. 내가 두 개의 철을 가져왔단다. 오른손에 있는 것은 배의 앞부분에 사용하는 철 덩어리이고, 왼손에 있는 것은 오른손에 있는 철 덩어리와 같은 양을 대장장이에게 넓게 펴달라고 한 것이란다. 이 둘을 물 위에 띄우면 어떻게 될 것 같니? 뜰까, 가라앉을까?”

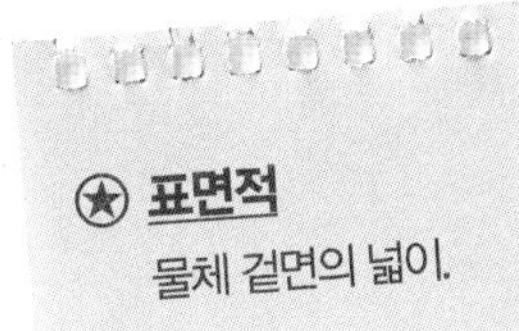

장군님은 두 손에 들고 있는 철 덩어리와 넓고 얇게 편 철판을 보여 주며 말했다.

“당연히 둘 다 가라앉죠. 그냥 딱 봐도 무거워 보이는데요.”

표면적을 넓히면 부력이 커진다.

홍찬이가 장군님이 들고 있던 철을 들어 보며 말했다.

"자, 잘 보렴."

장군님은 오른쪽 손에 들고 있던 철 덩어리를 바다 위에 놓았다. 철 덩어리는 바로 물속으로 가라앉았다.

"그것 보세요. 제 말이 맞죠. 당연히 가라앉잖아요."

홍찬이가 자신의 말이 맞자 으쓱하며 말했다.

"그래, 홍찬이 말이 맞는구나. 그럼 이건 어떨까?"

장군님이 왼손에 있는 철판을 들고 말했다.

"당연히 가라앉겠죠. 방금 가라앉은 철 덩어리와 같은 양이라고 하셨잖아요."

홍찬이는 장군님의 똑같은 질문에 귀찮다는 듯이 말했다.

"이번에도 잘 보렴."

장군님은 왼손에 들고 있던 넓고 얇게 편 철판을 조심스럽게 바다 위에 놓았다. 그러자 철판이 가라앉지 않고 물 위에 떠 있었다.

"아니, 왜 가라앉지 않고 떠 있는 거죠?"

홍찬이는 철판도 당연히 가라앉을 것이라 생각했는데 예상이 빗나가자 그 이유가 더욱 궁금해졌다.

"홍찬아, 이게 바로 표면적 때문이야. **물에 닿는 표면적을 넓게 하면 부력이 더 커져서 물에 뜰 수 있게 되는 거지.**"

석정이는 장군님의 실험을 보고 그제야 과학 시간에 배웠던 내용을 떠올리며 말했다.

"그래서 나무판자는 표면적이 넓어 물 위에 뜰 수 있지만, 무게가 비슷한 돌멩이는 표면적이 좁아 가라앉는 거구나."

부력과 표면적에 대해 새롭게 알게 된 홍찬이는 아무리 무거운 배라도 물 위에 뜰 수 있다는 사실이 신기했고, 배에 관심이 더 많아졌다.

바닷가에 머무는 며칠 동안 석정이와 홍찬이는 한양에서는 보기 어려운 배도 실컷 보고 바다에서 신나게 놀았다. 한참을 놀던 둘은 지나가던 어부들이 주고받는 대화를 우연히 듣게 됐다.

"거긴 물살이 너무 심해서 웬만한 배는 얼씬도 못 한다니까."

"그러게 말이야. 자네도 배 타고 거길 지날 땐 항상 조심해. 자칫 잘못하다가 물살에 휩쓸릴 수 있으니 말이야."

석정이와 홍찬이는 바로 장군님에게 가서 어부들이 말한 물살이 심한 곳을 알려 주었다.

"그래, 거긴 우리 지역에서 물살이 심하기로 유명한 곳이지. 거기로 왜선을 유인하면 되겠구나. 유인만 잘하면 왜선이 물살에 휩쓸려 우리가 쉽게 승리할 수 있겠구나."

장군님은 크게 기뻐하며 말했다.

어느덧 시간은 금방 흘러 한양으로 돌아갈 날이 됐다. 장군님과 헤어진다는 생각에 훈장님은 물론 할아버지, 석정이, 홍찬이 모두 슬퍼졌다.

장군님은 많은 도움을 준 석정이와 홍찬이에게 이별 선물로 작은 배 모형을 한 척씩 선물했다. 배에는 장군님의 이름이 적혀 있었는데 석정이가 읽을 수 있는 글씨는 李(이)밖에 없었다.

"홍찬아, 장군님 성함이 이 다음에 뭐라고 적혀 있어?"

석정이가 귓속말로 홍찬이에게 조용히 물었다.

"장군님 성함이 李(이), 舜(순), 臣(신). 이순신 장군님이네."

홍찬이가 배에 적힌 장군님 이름을 읽으며 대답했다.

"뭐라고! 이순신 장군님이라고? 맙소사, 맙소사."

석정이는 너무 놀라서 두 손으로 얼굴을 감쌌다.

"애들아, 할아버님, 이제 출발해야 할 시간이 됐습니다."

훈장님도 친구와 헤어지는 것이 아쉬웠지만 더 늦기 전에 한양에 도착해야 하기 때문에 재촉했다.

"잠깐만요! 장군님이 이순신 장군님 맞나요?"

석정이가 재촉하는 훈장님을 가로막으며 장군님에게 물었다.

"그래, 내 이름이 바로 이순신이란다."

"이순신 장군님, 이순신 장군님. 정말 고마워요. 책에서, 방송에서 정말 많이 뵈었어요. 정말 존경해요. 그리고 우리나라를 위해서 싸워 주셔서 고맙습니다."

석정이는 그 유명한 이순신 장군님을 직접 만난 게 너무 감격스러워 하고 싶었던 말을 쉬지 않고 계속했다.

"석정아, 갑자기 왜 그래?"

홍찬이는 석정이가 흥분하며 말을 잇자 침착하라고 다독였다.

"흑흑, 정말 고맙습니다. 온 국민이 이순신 장군님을 존경해요. 아마 전 세계 사람들이 모두 장군님의 전술에 감탄할 거예요."

석정이는 홍찬이의 다독임에도 흥분과 감격이 뒤섞인 감정을 주체하지 못해 눈물까지 흘렸다.

"우리 석정이가 장군님과 헤어진다고 하니 많이 슬픈가 보구나."

할아버지가 눈물을 흘리는 석정이를 바라보며 말했다.

"자, 석정아 이제 정말 헤어질 시간이야. 다음에 또 오자."

훈장님이 울고 있는 석정이를 껴안으며 말했다.

"그래, 석정아. 나도 헤어지는 것이 아쉽지만 곧 다시 보자. 이곳 사정이 좋아지면 내가 곧 다시 한양으로 갈 테니까."

장군님은 웃으며 말했지만 쉽게 울음을 그치지 못하는 석정이를 보니 마음이 아팠다.

"흑흑, 장군님. 정말 고맙습니다. 꼭 왜구를 무찔러 주세요. 그리고 한양에도 와 주시고요. 혹시 제가 없어도 꼭 저를 기억해 주세요. 저도 장군님처럼 훌륭한 사람이 되고 싶었어요."

석정이는 울음을 그치지 못한 채 일행을 따라 천천히 한양으로 향했다. 석정이는 아쉬운 마음에 연신 뒤를 돌아보았다. 멀리서 장군님이 일행을 향해 손을 흔들었다. 갑자기 운 이유를 물어본 홍찬이에게 석정이는 아무 말도 하지 못했다.

그날 밤, 석정이는 장군님이 준 배 모형을 옆에 놓고 잠이 들었다. 꿈속에서 석정이는 다시 장군님을 만날 수 있었다. 별이 빛나는 고요한 밤, 문자 알림음이 더욱 힘차게 울렸다.

이순신 장군님을 만나 해풍과 육풍의 원리를 익혔고
부력의 원리를 잘 설명했습니다.
이제 곧 스마트폰으로 데이터 사용이 가능합니다.

7단계 통과입니다.

- 수수께끼 맨

석정이의 일기장

해풍과 육풍이 불 때는?

바닷가에선 낮에는 해풍이 불고, 밤에는 육풍이 분다.

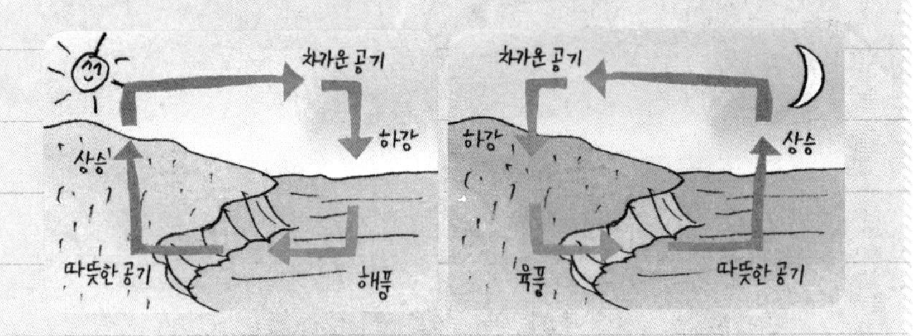

부력은 물체가 물 위에 뜨는 힘

물 위에 있는 배가 밀어낸 물의 무게만큼 힘이 위쪽으로 작용해 배가 가라앉지 않고 물 위에 뜨게 된다. 이때 물에 닿는 표면적을 넓히면 부력이 더 커진다.

해가 떠 있는 낮, 바닷가에 깃발이 펄럭이고 있다. 깃발은 어느 방향으로 펄럭이고 있을까? 그 이유에 대해서도 말해 보자.

8 돌아갈 방법을 찾아서

'이제 곧 스마트폰으로 데이터 사용이 가능합니다.'

석정이는 이 메시지를 본 순간부터 갑자기 마음이 쿵쾅거리기 시작했다.

'드디어 집으로 돌아갈 수 있겠어.'

마음은 이미 집에 갈 생각에 한껏 들떴지만 스마트폰 화면의 데이터 사용 가능 표시는 아직 보이지 않았다.

'데이터 사용이 가능하다고 했는데 언제쯤 되는 걸까? 이러다가 집에 영영 못 돌아가는 건 아니겠지.'

석정이는 장군님과 헤어질 때 흘렸던 눈물이 채 마르기도 전에 큰 걱정에 빠졌다. 훈장님, 할아버지, 홍찬이와 함께 수레를 타고

한양으로 돌아오는 길에 계속해서 몰래 스마트폰을 들여다보았고, 날이 어두워져 중간에 여정을 멈추고 잠을 잘 때도 석정이는 스마트폰을 손에서 놓지 못했다.

석정이의 간절함을 하늘도 아는지 드디어 알림음과 함께 화면에 데이터 사용이 가능하다는 문자가 나타났다.

'휴, 드디어 데이터를 쓸 수 있구나. 그런데 집으로 돌아가려면 뭐부터 검색해야 하지?'

고민을 거듭하던 석정이는 우선 포털사이트 검색창에 오늘 날짜를 검색했다. 그 결과 오늘 날짜는 8월 20일, 이날은 석정이가 과거로 온 날과 같은 날이었다. 날짜가 그대로라는 것은 신기하게도 시간이 전혀 흐르지 않았다는 것을 의미했다.

이곳에서 오랜 시간을 보내 걱정이었던 석정이는 날짜 검색을 통해 시간이 멈추어 있다는 걸 알고서 안도의 숨을 쉬었다. 석정이는 한결 가벼운 마음으로 일행과 함께 수레를 타고 먼 길을 지나 높은 산을 걷고 또 걸어 어느새 한양에 도착했다.

한양에 도착한 석정이 일행은 훈장님과 작별 인사를 하고 집으로 돌아갔다. 집에 도착한 할아버지와 홍찬이는 힘든 여정에 피곤했는지 짐을 풀자마자 바로 잠이 들었다. 하지만 석정이는 데이터를 사용할 수 있다는 기쁜 마음에 잠이 오지 않았다.

조용히 스마트폰을 꺼낸 석정이는 자고 있는 할아버지와 홍찬이 옆을 지나 마루로 나갔다.

'그럼 이제 가장 궁금한 것부터 차근차근 검색해 볼까.'

예전 같으면 검색창에 자신이 좋아하는 재미있는 만화나 동영상을 써 넣었을 텐데 다른 내용을 검색하려고 하니 왠지 어색했다.

처음에는 가장 궁금했던 '집으로 돌아가는 방법'이라는 글자를 조심조심 누르고 검색했다. 그러자 관련된 수많은 정보가 검색됐다. 검색된 정보를 하나하나 빼 놓지 않고 읽어 보았지만, 석정이가 찾고 있는 과거에서 현재로 돌아가는 방법은 찾을 수 없었다.

하지만 석정이는 포기하지 않고 이번에는 '시간 여행을 마치는 방법'을 검색했다. 검색 버튼을 누르자 시간 여행과 관련된 영화와 이야기 등이 길게 펼쳐졌다. 그러나 문제를 해결할 방법은 찾을 수 없었다.

대신 검색 중에 '타임 슬립'이라는 단어가 자주 보였다. 그 단어를 보자마자 석정이는 예전에 선생님이 과거, 현재, 미래로 오가는 시간 여행을 말하는 단어라고 한 것이 기억났다. 석정이는 이번이 마지막이라는 생각으로 조심스럽게 타임 슬립을 한 글자씩 적었다.

그와 관련된 수많은 정보를 하나하나 찾던 중 여러 블로그와 SNS에서 기호 '#'을 사용해 글을 쓴 사람들을 자주 보게 됐다. 석정이는 예전에도 스마트폰으로 검색을 할 때 이 기호를 보았지만, 그때는 별것 아니라고 생각해 그냥 지나쳤는데 오늘은 갑자기 이 기호가 무엇인지 궁금해졌다.

'예전에도 본 적이 있는데 무슨 표시지? 중요하다는 뜻일까?'

석정이는 백과사전 사이트에서 #을 검색해서 이 기호가 ★해시태그라고 불리는 것을 알게 됐다.

'아, 내가 찾고 싶은 단어 앞에 해시태그를 붙이면 그것과 연관된 내용을 모두 찾을 수 있구나. 정말 신기하네.'

> ★ **해시태그**
> 특정 단어 앞에 #을 붙여 식별을 편리하게 하는 것. SNS에서 특정 정보만 골라 볼 때 유용하다.

석정이는 그동안 가볍게 생각했던 해시태그에 이런 기능이 있다는 사실에 놀라며 어떻게 하면 이것을 이용해 집으로 돌아갈 수 있을지 생각해 보았다.

SNS

소셜 네트워크 서비스(Social Network Service)의 약칭으로 비슷한 관심이나 활동을 공유하는 사람들끼리 관계를 맺을 수 있도록 해 주는 온라인 서비스. 대표적으로 트위터, 페이스북, 인스타그램 등이 있다.

그때 잠자던 홍찬이가 볼일을 보러 나왔다가 마루에 앉아 있는 석정이의 뒷모습을 보며 말했다.

"석정아, 곧 원래 있던 곳으로 가게 될 거야. 네가 얼마나 착한 친구인데. 신이 있다면 석정이 네 소원을 이루어 주실 거야."

석정이는 보고 있던 스마트폰을 홍찬이가 알아채지 못하게 얼른 숨기고 홍찬이를 바라보며 미소를 지었다.

그날 밤, 석정이는 스마트폰으로 이것저것 검색했지만 집으로 돌아갈 방법은 찾을 수가 없어 잠자리에 누워 조용히 눈물 흘렸다.

겨우 잠에 든 석정이는 꿈속에서도 해시태그가 떠올랐다. 꿈에서 석정이는 스마트폰을 이용해 SNS에서 해시태그로 여러 가지 관련 정보를 묶어 검색하고 있었다.

석정이는 해시태그 덕분에 여러 종류의 수많은 정보가 생산되는 SNS에서 필요한 정보를 빠르고 정확하게 찾아볼 수 있었다. 본인이 만든 정보에 해시태그를 붙일 수 있다는 사실도 알게 됐다. 석

정이는 해시태그로 자신의 정보를 공유하고, 다른 사람의 정보도 공유한다면 원래 시대로 다시 돌아갈 수 있지 않을까 생각했다.

꿈에서 한창 그런 생각을 하던 중에 석정이는 눈을 번쩍 떴다. 잠에서 깨자마자 석정이는 스마트폰을 집어 들었다.

'혹시라도 배터리가 얼마 없으면 어떡하지? 이러다가 영원히 집으로 돌아갈 수 없는 건 아닐까?'

석정이는 걱정을 하면서 조심스럽게 스마트폰 전원을 켰다. 다행히 배터리는 아직 그대로였다. 스마트폰 배터리도 날짜가 멈춘 것처럼 닳지 않는다는 사실을 알게 되어 안도의 숨을 내쉬었다.

석정이는 곧바로 SNS에 접속해 '#타임슬립'을 검색해 보았다. 해시태그 없이 검색했을 때와 마찬가지로 타임 슬립과 관련된 영화, 소설, 동영상 등이 가장 먼저 나왔다.

'이런 정보는 나한테 필요하지 않은데. 집으로 돌아갈 수 있는 방법은 어디에 나와 있을까?'

석정이는 불안한 마음으로 스크롤을 밑으로 내려 보았다. 계속해서 타임 슬립과 연관된 글과 사진을 보다 보니 석정이처럼 시간 여행을 하게 된 사람이 생각보다 많다는 사실을 알게 됐다.

중국의 춘추전국시대와 삼국시대로 간 경우, 2050년 미래로 간 경우 등 다양한 시간, 다양한 장소로 타임 슬립을 한 경우가 있었다. 물론 상황을 직접 겪지 못한 사람들은 이런 이야기를 소설이나 허풍으로 생각하며 '거짓말 하지 마' '말도 안 돼'와 같은 말을 댓글로 남겼다.

하지만 지금 몸소 타임 슬립을 겪고 있는 석정이는 이런 이야기가 진짜 사실이라고 믿을 수 있었다. 왜냐하면 석정이 봇짐에 스마트폰이 들어 있던 것처럼 그들도 작은 짐 가방에 스마트폰이 들어 있었고, 수수께끼 맨에게 문자를 받았다는 내용도 있었기 때문이다.

석정이는 타임 슬립을 한 사람들의 글을 집중해서 천천히 읽어 보았다. 분명히 집으로 돌아가는 방법도 적어 두었을 것이라고 굳게 믿었다. 하지만 모두 다른 시간, 다른 장소로 타임 슬립을 했기 때문에 집으로 돌아오는 방법도 제각각이었다.

100개가 넘는 글에서 공통점을 찾아내고 싶었지만, 정보가 제각각이어서 공통점을 파악하기는 쉽지 않았다. 석정이는 가장 앞쪽에 나온 다섯 명이 올린 타임 슬립 경험을 정리해 보았지만 공통점이 없다는 사실에 우울해졌다.

'이렇게 하면 집으로 돌아가기 힘들겠는걸. 아, 글에서 공통점을 찾기보다는 궁금한 점을 사람들에게 직접 물어보면 어떨까?'

안녕하세요.
저는 지금 조선시대에 와 있는
최석정이에요.
어떻게 하면 집에 갈 수 있을까요?

저는 여섯 문제를 풀고 나서
집에 올 수 있었어요.
지금 몇 번 문제까지 풀었어요?

석정이는 공통점을 찾는 것을 포기하고 궁금한 것을 알아보기 위해 사람들에게 SNS 메시지를 보냈다. 그러자 바로 답장이 왔다.

'여섯 문제를 풀고 집에 돌아갈 수 있었다고? 나는 일곱 번째 문제까지 풀었는데 왜 아직도 조선시대에 있는 걸까?'

석정이는 그다음에 온 답장도 확인해 보았다.

안녕하세요.
저는 지금 조선시대에 와 있는
최석정이에요.
어떻게 하면 집에 갈 수 있을까요?

저는 통일신라시대로 갔는데
경주에 머물렀어요.
수수께끼 맨이 시키는 대로 했더니
집에 돌아왔어요.

'이분은 수수께끼 맨이 문자에서 시키는 대로 했구나. 나는 문자에서 어떻게 하라는 내용은 없고 몇 단계 통과라는 내용만 있던데. 아, 맞다. 처음에 8단계까지 통과하면 된다는 문자가 왔었지.'

석정이는 지금까지 수수께끼 맨에게 온 문자를 다시 한번 확인해 보았다. 그리고 그다음 답장을 확인했다.

안녕하세요.
저는 지금 조선시대에 와 있는
최석정이에요.
어떻게 하면 집에 갈 수 있을까요?

저는 중국의 춘추전국시대로 갔어요.
중국말을 하나도 몰랐는데
다행히 좋은 친구들이 도와줘서
집으로 돌아올 수 있었어요.

'나도 좋은 친구들을 많이 만났는데. 그럼 나도 집으로 돌아갈 수 있는 걸까?'

석정이는 답장을 읽을수록 의문이 꼬리에 꼬리를 물었다. 그럴 때마다 지푸라기라도 잡는 심정으로 타임 슬립을 경험한 사람들에게 계속해서 일일이 메시지를 보냈다.

석정이가 보낸 메시지를 읽고 답장하지 않는 사람도 있었고, 답장을 받아도 각자 타임 슬립한 장소, 시대, 집으로 돌아온 방법도 모두 달랐기 때문에 석정이는 오히려 더 혼란스러웠다.

'분명 이 사람들은 타임 슬립을 마치고 집으로 돌아올 수 있었는데 그 방법이 모두 다르다는 건가? 공통점을 찾고 싶어도 각자 다른 장소, 다른 시간, 다른 방법이라 찾기 어렵네. 어떡하지?'

잠시 곰곰이 생각하던 석정이는 번뜩 방법이 떠올랐다.

'그래, 단순히 사람들에게 각자 알아서 정보를 보내 달라고만 하지 말고 구체적으로 내가 필요한 정보를 사람들이 보내도록 하면 어떨까?'

석정이는 자신이 필요한 정보를 사람들이 보내도록 하는 방법을 찾기 위해 이리저리 검색해 보았다. 그 결과, 찾아낸 방법은 바로 설문조사를 하는 것이었다.

석정이도 예전에 설문조사를 해 본 적이 있었다. 학교 급식에 대한 만족도를 조사하는 설문에서 매우만족, 만족, 보통, 불만, 매우불만 중에 하나를 골라 표시했고, 현장 체험 학습 희망 장소를 조사하는 설문을 할 때도 놀이공원, 박물관, 과학관 중에 표시해서 자신의 의견을 전달한 경험이 있었다.

그래서 석정이는 타입 슬립을 한 사람들에게 설문지를 보내기로 마음을 먹었다. 설문지 만드는 방법을 검색해 꼼꼼히 읽어 보니 생각보다 어렵지 않았다. 사람들이 표시한 설문조사 결과를 정리해 주는 설문조사 사이트도 알게 됐다.

석정이는 설문지 만드는 방법에 따라 타임 슬립을 경험한 많은 사람 중에 과거로 타임 슬립을 경험한 100명을 선정해 그 사람들에게 보낼 설문 내용을 만들었다. 그러고 나서 설문에 답할 수 있는 사이트 주소를 보냈다.

사람들에게 사이트 주소를 보내고 나서 며칠 뒤에 설문조사 결과를 조회해 보니 다음과 같은 결과를 확인할 수 있었다.

설문조사 결과를 천천히 살펴본 석정이는 1·3·4번 질문에 대한 답은 서로 다르고, 2번 질문에 대한 답은 같다는 것을 알게 됐다.

1. 언제 어디로 타임 슬립을 했나요?

   춘추전국시대, 중국

2. 현재로 돌아올 때 어떤 문자가 왔나요?

   문제를 모두 맞혀 원래 시간으로 돌아갑니다.

3. 몇 문제를 맞히고 현재로 돌아왔나요?

   여덟 문제

4. 어디서 현재로 돌아왔나요?

   화장실

1. 언제 어디로 타임 슬립을 했나요?

고려시대, 개성

2. 현재로 돌아올 때 어떤 문자가 왔나요?

문제를 모두 맞혀 원래 시간으로 돌아갑니다.

3. 몇 문제를 맞히고 현재로 돌아왔나요?

다섯 문제

4. 어디서 현재로 돌아왔나요?

바위 위

---

1. 언제 어디로 타임 슬립을 했나요?

남북전쟁 시대, 미국

2. 현재로 돌아올 때 어떤 문자가 왔나요?

문제를 모두 맞혀 원래 시간으로 돌아갑니다.

3. 몇 문제를 맞히고 현재로 돌아왔나요?

아홉 문제

4. 어디서 현재로 돌아왔나요?

식당

1. 언제 어디로 타임 슬립을 했나요?

1970년대, 제주도

2. 현재로 돌아올 때 어떤 문자가 왔나요?

문제를 모두 맞혀 원래 시간으로 돌아갑니다.

3. 몇 문제를 맞히고 현재로 돌아왔나요?

열 문제

4. 어디서 현재로 돌아왔나요?

우물가

'아, 문제를 모두 맞혀야 집으로 돌아갈 수 있구나. 그런데 설문조사 답변이 주관식이라 1번도 제각각, 3번도, 4번도 모두 다르잖아. 필요한 정보를 빠르게 수집했지만 결과가 정리되어 있지 않아 한눈에 파악하기가 힘든걸.'

결과를 단번에 알 수 있는 설문조사가 없을까 고민한 석정이는 문득 객관식이 생각났다.

'그래, 예전에 보았던 설문지에는 주관식도 있었지만 객관식도 있었어. 설문조사 사이트에서 문항을 만들 때 객관식으로 만들면

결과가 그래프로 정리된다는데, 어디 한번 만들어 볼까?'

석정이는 다시 객관식으로 이루어진 설문조사를 만들기로 했다.

이렇게 자신이 만든 사이트 주소를 복사해 다시 한번 과거로 타임 슬립을 경험한 100명에게 보냈다.

타임 슬립을 무사히 끝마친 사람들은 자신도 석정이와 같은 힘든 상황을 경험했기 때문에 여러 번의 요청에도 귀찮아하지 않고 정성스럽게 설문조사에 참여했다.

다음 날, 석정이는 설문조사 결과를 확인했다. 이전에 보았던 결과와 다르게 정리되어 있어 한눈에 알아보기 쉬웠다.

석정이는 설문조사 결과를 찬찬히 확인하고 나서 수수께끼 맨이 처음 보낸 문자를 다시 한번 확인했다. 문자에는 여덟 문제를 모두 해결하면 집으로 돌아갈 수 있다고 적혀 있었다.

'그래, 설문조사 결과를 보니 나도 곧 집으로 돌아갈 수 있겠어. 총 여덟 문제 중에 지금까지 일곱 문제를 풀었으니까, 이제 한 문

1. 어디로 타임 슬립을 했나요?

① 우리나라 과거 (80명, 80%)

② 다른 나라 과거 (20명, 20%)

2. 몇 문제를 맞히고 현재로 돌아왔나요?

① 4문제 이하 (10명, 10%)

② 5문제 (25명, 25%)

③ 6문제 (25명, 25%)

④ 7문제 (25명, 25%)

⑤ 8문제 이상 (15명, 15%)

3. 현재로 돌아올 때 어떤 장소로 갔나요?

① 내가 알고 있던 장소 (100명, 100%)

② 처음 가 본 장소 (0명, 0%)

4. 3번 문항에서 ①번을 선택했다면 알고 있던 장소 중 어디였나요? (여러 개 선택가능)

① 처음 타임 슬립해서 도착한 곳 (100명, 100%)

② 살고 있던 곳 (15명, 15%)

③ 다니던 학교 (20명, 20%)

④ 화장실 (30명, 30%)

⑤ 기타 (25명, 25%)

5. 마지막 문제를 맞히고 얼마나 지나고서 현재로 돌아갈 수 있다는 문자가 왔나요?

① 10분 (0명, 0%)

② 1시간 (0명, 0%)

③ 12시간 (0명, 0%)

④ 하루 (100명, 100%)

⑤ 일주일 (0명, 0%)

6. 마지막으로 저에게 해 주고 싶은 말을 적어 주세요.

- 이렇게 설문조사를 하는 것을 보니 이제 주어진 문제를 거의 다 해결했겠네요. 파이팅!
- 저는 가장 후회가 되는 게 타임 슬립으로 만났던 친구들에게 작별 인사를 못 했다는 거예요.
- 타임 슬립을 마치고 집으로 돌아왔을 때 수학 공부를 더 열심히 하지 못했어요.
- 다시 못 갈 곳이라서 아쉬워요. 타임 슬립으로 만난 선생님과 친구들에게 꼭 고맙다고 말해 주세요.
- 친구들과 더 재미있게 놀지 못해서 아쉬워요.
- 제가 가진 것을 더 많이 주지 못했어요. 꼭 많은 것을 주고 돌아왔으면 좋겠어요.

제만 더 풀면 하루 뒤에 수수께끼 맨에게 집으로 돌아갈 수 있다는 문자가 오겠구나.

그리고 내가 알고 있는 장소 중에 처음 도착했던 시장 옆 풀밭으로 가면 꿈에 그리던 집으로 돌아갈 수 있겠다. 그 전에 설문조사 결과에 적힌 대로 여기서 만난 사람들에게 많은 것을 나누어 주고 작별 인사도 꼭 해야겠어.'

석정이는 곧 집으로 돌아갈 수 있다는 사실에 마음이 설렜다. 그

러나 한편으로는 그동안 정이 많이 든 홍찬이 가족, 동네 친구들, 훈장님, 사또님, 임금님과 헤어질 생각을 하니 가슴 한편이 아려 왔다.

갈 곳 없는 석정이를 자신의 집에서 흔쾌히 머물게 해 준 홍찬이 가족, 석정이에게 많은 가르침을 준 훈장님, 석정이를 항상 믿어 준 사또님, 임금님, 장군님. 동네 친구들, 거북이, 누렁이…….

석정이는 스마트폰을 들고 집 앞 마당에 나와 달빛을 보며 눈물을 훔쳤다. 그때, 방에 있던 홍찬이가 슬그머니 마당으로 나와 말없이 석정이를 꼭 안아 주었다. 홍찬이는 차분하게 석정이를 바라보며 말했다.

"석정아, 이제 네가 그토록 가고 싶어 하던 집으로 돌아갈 때가 된 것 같아. 며칠간 네가 손에 들고 있는 물건을 보며 무언가에 집중하고 있는 모습을 조용히 지켜봤어. 예전에 네가 여덟 문제를 다 풀면 집에 돌아갈 수 있게 된다고 했잖아. 내가 저 물건에서 소리가 몇 번이나 났는지 유심히 세어 봤는데, 이제 거의 여덟 번이 된 것 같아. 내 말이 맞지?"

홍찬이 말이 끝나기가 무섭게 석정이 손에 들고 있던 스마트폰에서 '띵동' 하며 알림음이 났다. 환한 달빛 아래에서 석정이는 홍찬이와 함께 문자 내용을 확인했다.

다음 날, 아침 일찍부터 석정이는 이곳을 떠나기 전에 해야 할 일을 계획했다. 여기서 만난 모든 분에게 빠짐없이 작별 인사를 하

설문조사를 하고 그 결과를 잘 정리해
수많은 정보를 쉽게 파악했습니다.
마지막 8단계도 통과입니다.
내일이면 타임 슬립 문자가 도착할 것입니다.

- 수수께끼 맨

기 위한 일정을 정했다.

'우선 가장 멀리 계신 임금님을 뵙고 집으로 오는 길에 사또님을 뵈어야겠다. 그러고 나서 훈장님을 뵙고 홍찬이 가족과 만난 다음, 홍찬이 집 근처에 있는 시장으로 바로 가야겠다.'

일정에 따라 석정이는 우선 임금님을 찾아갔다. 궁궐로 찾아온 석정이를 반갑게 맞이한 임금님은 석정이가 한양을 떠나 먼 길을 간다는 말을 듣고 서운해했지만, 길고 긴 여행을 무사히 잘 다녀올 수 있도록 석정이에게 금덩이 하나를 선물로 주었다. 석정이는 감사의 뜻을 전하며 임금님이 준 선물을 봇짐에 넣고 작별 인사를 했다.

"석정아, 너는 아주 영특한 아이란다. 앞으로도 산학과 과학을 열심히 공부해서 어려운 사람들의 문제를 해결하는 데 도움을 주면 좋겠구나."

임금님은 석정이의 두 손을 잡고 작별 인사를 했다.

궁궐을 나온 석정이는 이번에는 사또님을 만나러 관청으로 향했다. 사또님 역시 석정이를 보고 무척 반가워했지만 이제 한양을 떠난다는 말에 아쉬워했다. 사또님은 석정이가 긴 여행 중에 먹을 수 있는 간식과 여비로 쓸 수 있는 엽전을 주며 말했다.

"석정아, 네 덕분에 우리 마을의 골칫거리였던 여러 문제를 해결할 수 있었어. 너같이 착하고 의로운 아이를 만나서 정말 행복했단다. 꼭 다시 보았으면 좋겠어."

사또님과 작별 인사를 한 석정이는 그다음으로 훈장님을 뵙기 위해 서당으로 향했다. 서당에 도착한 석정이는 훈장님을 꼭 껴안으면서 말했다.

"훈장님, 저를 가르쳐 주시고 지켜 주셔서 정말 고맙습니다. 저는 훈장님께 받은 큰 은혜를 꼭 갚고 싶어요."

석정이는 훈장님을 바라보며 하루 종일 참았던 눈물을 쏟아 냈다. 하염없이 흐르는 석정이의 눈물을 닦아 주며 훈장님이 말했다.

"석정아, 네 덕분에 나는 다시 한번 스승이라는 것이 얼마나 행복한 일인지 알게 되었단다. 네가 어디를 가든지 항상 건강하고 행복하거라. 지금처럼 엉뚱해도 네가 하고 싶은 일을 다 했으면 좋겠구나."

훈장님 말씀이 끝나자마자 석정이는 소매로 눈물을 닦으며 봇짐에서 임금님이 주신 금덩이를 꺼냈다.

"훈장님, 이 금덩이를 이순신 장군님께 전해 주시겠어요? 이 금덩이가 나라를 지키는 일에 도움이 되었으면 좋겠어요. 그리고 힘들고 포기하고 싶은 순간에도 모든 사람이 이순신 장군님을 믿고 의지하고 있으니 꼭 힘을 내시라고 전해 주세요."

훈장님은 석정이를 바라보며 꼭 이순신 장군님에게 전해 주겠다고 약속했다. 그러고 나서 석정이는 서당에서 공부를 하고 있던 친구들과도 울면서 일일이 작별 인사를 하고 홍찬이 집으로 발걸음을 옮겼다.

홍찬이 집에 도착하니 어느새 해가 중천에 떠 있었다. 홍찬이를 통해 석정이의 상황을 이미 알고 있던 홍찬이 가족은 석정이가 좋아하는 반찬으로 점심을 준비하고 있었다. 누렁이도 헤어짐을 아는지 석정이가 마당에 들어서자마자 더욱 꼬리를 흔들며 몸을 비벼 댔다.

석정이는 그동안 있었던 추억을 이야기하며 홍찬이 가족과 맛있게 점심을 먹었다. 식사를 마친 석정이는 봇짐에서 사또님이 준 간식과 엽전을 꺼내며 말했다.

"그동안 이곳에 머물 수 있게 해 주셔서 정말 감사해요. 제가 드릴 것이 없어서 사또님이 주신 돈과 간식을 드려요. 꼭 받아 주세요."

석정이는 홍찬이 가족에게 진심으로 감사 인사를 하며 아쉬움에 눈물을 흘렸다. 옆에서 지켜보던 홍찬이는 미리 써 둔 편지를 석정이 몰래 봇짐에 넣고 자신이 가장 아끼는 윷도 함께 넣었다. 그러고 나서 눈물을 글썽이며 석정이에게 말했다.

"석정아, 널 만나서 정말 즐거웠어. 평생 잊지 못할 것 같아. 비록 너와 내가 사는 시대는 다르지만 우리는 평생 친구야. 아, 물어볼 게 하나 있어. 예전에 네가 지금 여기에 있는 거 대부분이 미래에는 없어지거나 변한다고 했잖아. 혹시 여기 조선에 있는 것 중에서 미래에도 변하지 않는 건 없을까?"

홍찬이의 갑작스러운 질문에 석정이는 머릿속으로 변하지 않은 높은 산, 바다, 강을 떠올렸다. 또 뭐가 있을까? 순간 석정이는 오른손으로 무릎을 치며 말했다.

"시간이 흘러도 궁은 그대로야."

"그럼 내가 열심히 공부해서 나중에 관직에 오르면 궁에 들어가서 입구에 표시를 해 둘게."

석정이는 마지막으로 홍찬이 가족과 기나긴 작별 인사를 한 뒤, 봇짐을 메고 처음 타임 슬립을 했던 시장 옆 풀밭으로 향했다. 가는 길에 보이는 사람들, 집, 자연 등을 하나하나 잊지 않기 위해 눈에 담으며 가다 보니 어느새 시장 옆 풀밭에 도착했다. 도착하자마자 스마트폰에서 마지막 알림음이 울려 퍼졌다.

석정이는 동의 버튼을 누르기 전에 잠시 망설였지만 보고 싶은 가족, 선생님, 친구들을 떠올리며 힘차게 버튼을 눌렀다.

조선시대에서 수학·과학 문제를 푸느라 수고했습니다.

이제 시간 여행을 마치고 집으로 돌아갑니다.

동의하면 버튼을 눌러주세요.

동의

- 수수께끼 맨

석정이의 일기장

특정 정보를 골라 볼 때 유용한 해시태그

해시태그란 특정 단어 앞에 기호 '#'을 붙여 그 단어와 연관된 정보를 편리하게 찾을 수 있게 하는 것이다. SNS에서 관련된 정보를 모아 볼 때 유용하다.

설문조사 결과를 쉽게 파악하려면?

설문조사를 통해 모은 정보를 표나 그래프로 정리하면 결과를 한눈에 알아볼 수 있다.

아래 문항은 친구들이 어떤 음식을 가장 좋아하는지 알아보는 설문조사의 결과다. 이를 쉽게 파악할 수 있도록 그래프로 그려 보자.

어떤 음식을 가장 좋아하나요?

① 떡볶이 (5명)

② 빵 (3명)

③ 치킨 (4명)

④ 짜장면 (1명)

⑤ 피자 (4명)

에필로그

"석정아, 석정아! 일요일이라고 늦게까지 자는 거니?"

엄마의 큰 목소리에 석정이는 깜짝 놀라며 잠에서 깼다.

'어, 엄마 목소리가 들리잖아. 내가 지금 꿈을 꾸는 건가? 아니면 진짜 집으로 돌아온 건가?'

석정이는 감은 눈을 천천히 뜨고 주변을 둘러보았다.

"와! 집으로 돌아왔잖아."

석정이는 자신이 침대 위에 누워 있다는 것을 확인하고 신이 나서 침대 위를 굴렀다. 구르다가 침대에서 떨어진 석정이는 침대 밑에 있는 봇짐을 발견했다.

"정말 타임 슬립을 해서 조선시대에 다녀온 것이 틀림없구나."

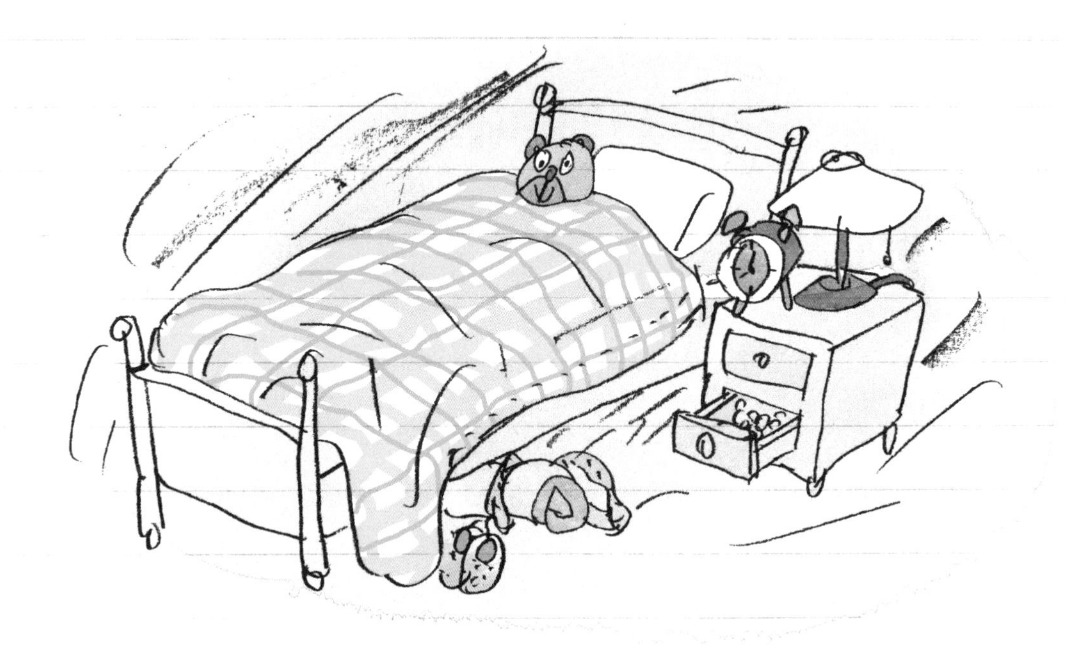

석정이는 봇짐을 풀어 안에 들어 있는 물건을 정리하다가 홍찬이가 몰래 넣은 편지와 윷을 발견했다. 한자로 적힌 편지를 읽기 위해 석정이는 봇짐에서 꺼낸 스마트 안경을 썼지만 한자가 한글로 바뀌어 보이지 않았다.

"이상하네. 조선시대에서는 스마트 안경을 쓰면 한자가 한글로 보였는데."

석정이는 하는 수 없이 스마트폰을 꺼내 편지에 쓰여 있는 한자를 하나하나 검색해 보았다.

내 친구 석정아. 우리 꼭 다시 만나.

네가 정말 보고 싶을 거야.

나도 산학 공부, 과학 공부 열심히 하고 있을게.

홍찬이가

'고마워 홍찬아. 나 집에 잘 돌아왔어.'

석정이는 눈물을 닦다가 갑자기 홍찬이가 했던 말이 떠올라 다시 스마트폰을 집어 들었다. 석정이는 예전처럼 스마트폰으로 게임을 하려는 것이 아니라 경복궁으로 가는 방법을 검색했다.

"엄마, 저 오늘 경복궁에 가 보고 싶어요. 데려가 주실 거죠?"

엄마는 맨날 스마트폰으로 게임만 하던 아들이 경복궁에 가자고 졸라서 의아했지만 역사에 관심을 가질 좋은 기회라고 생각해 웃으며 흔쾌히 허락했다.

경복궁에 도착한 석정이는 입구에 다다라 잠시 멈춰 섰다. 조선 시대를 떠나오기 전 홍찬이가 자신에게 했던 말을 잊지 않고 있었기 때문이다. 엄마가 표를 사러 간 사이에 석정이는 궁 입구를 이리저리 살펴보았다.

'분명 여기 어딘가에 있을 텐데……. 아, 찾았다!'

궁 입구에 있는 여러 돌 중에 눈에 띄는 하나가 있었다. 색깔이 특이한 그 돌은 다가가서 자세히 살펴보니 마방진이 표시되어 있고 작은 글자도 새겨져 있었다. 석정이는 얼른 스마트폰을 꺼내 그 글자의 뜻을 찾아보았다.

'석정이 네가 떠난 후 나는 산학도 과학도 즐겁게 하다가 약속대로 관직에 올랐어. 보고 싶은 친구야. 난 어느덧 예순 살이 되었단다.'

글자를 읽으며 석정이는 눈가가 촉촉해졌다. 약속대로 열심히 공부해서 관직에 오른 홍찬이가 나이가 들어서도 자신을 잊지 않고 이렇게 궁 입구에 표시를 해 두었다는 사실이 믿기지 않았다.

석정이는 엄마가 입장권을 펄럭이며 돌아오는 모습이 보이자 얼른 눈물을 훔치고 경복궁 안으로 들어갔다. 석정이는 엄마와 함께 경복궁 이곳저곳을 빼 놓지 않고 살펴보았다.

학교에서 현장 체험 학습으로 방문했을 때와는 기분이 매우 달랐다. 예전에는 대충 살펴보았던 것들이 이제는 모두 석정이에게 소중한 것으로 다가왔다.

경복궁을 살펴보고 다시 궁 입구를 지나 밖으로 나오기 전에 다시는 만날 수 없는 친구를 그리며 석정이는 홍찬이가 남겨 놓은 마방진을 사진으로 찍었다. 집으로 돌아온 석정이는 스마트폰을 꺼

조선의 궁궐 경복궁

경복궁은 서울시 종로구 세종로에 있는 조선왕조의 궁궐이다. 조선시대에 만들어진 여러 궁궐 중 첫 번째로 만들어진 곳으로 1395년(태조 2년)에 완성됐다. 1592년에 임진왜란으로 불탄 이후 오랫동안 방치되어 있다가 1865년(고종 2년)에 고쳐 지어 다시 궁궐로 이용됐다.

경복궁은 조선왕조의 첫 번째 궁궐답게 이름과 위치에서 남다른 면모를 지니고 있다. 경복(景福)은 왕과 자손, 온 백성이 큰 복을 누리기를 기원한다는 의미이며, 궁 주변을 여러 산이 둘러싸고 있어 풍수지리적으로 뛰어난 위치에 지어졌다.

경복궁의 정문인 광화문

내 자신의 SNS에 글을 올렸다.

그러고 나서 석정이는 SNS에 경복궁에 다녀왔던 사진과 글을 올리고, 홍찬이가 표시해 놓은 마방진을 풀다가 잠이 들었다. 석정이는 꿈속에서 홍찬이를 만나 그동안 하지 못했던 이야기를 나누었다.

다음 날 아침, 학교에 가려고 일어나 스마트폰을 열어 보니 어제 SNS에 남긴 글에 여러 댓글이 달려 있었다.

안녕하세요. 저는 초등학교에 다니고 있는 학생입니다. 성적이 좋지는 않지만 수학·과학에 관심이 많습니다. 혹시 저와 함께 수학·과학을 탐구할 친구들이 있을까요? 제가 앞으로 하고 싶은 연구는 아래와 같습니다.

1. 생활 속에서 수학 · 과학과 관련된 자료 찾기
2. 자료를 그래프로 나타내 사람들에게 알려 주기
3. 게임 속 가능성 탐구와 가능성을 활용한 게임 만들기
4. 수많은 정보 속에서 올바른 정보를 찾기

#수학 #과학 #정보 #자료 #가능성

"우와, 댓글이 많이 달렸잖아."

석정이는 댓글을 하나하나 읽어 보니 자신처럼 수학과 과학을 탐구하고자 하는 사람이 많아 기분이 좋았다. 그러다가 '홍차니'라는 아이디를 보고 깜짝 놀랐다.

'혹시 조선시대에서 만난 홍찬이는 아니겠지?'

뽀미: 안녕하세요. 저도 함께하고 싶어요.

수학도사: 저는 대학에서 수학을 가르치고 있는데 제가 도움이 된다면 좋겠어요.

poiki1: 같이하고 싶어요. 저도 자료와 가능성에 관심이 많아요.

파란하늘: 저는 그래프 그리는 프로그램을 사용할 줄 아는데 끼워 주시나요?

홍차니: 제가 가능성을 활용해 만든 보드게임이 있는데 같이해 보면 어때요?

석정이는 홍찬이를 떠올리며 가방을 메고 학교로 향했다.

학교에서 돌아오자마자 석정이는 부모님에게 SNS를 보여 주고 앞으로 자신이 하고자 하는 수학 · 과학 탐구에 대해 말했다. 하루아침에 달라진 석정이를 바라보며 부모님은 이상하게 생각하는 동시에 대견하다고 여기며 미소를 지었다.

부모님은 석정이가 댓글을 남긴 사람들과 함께 수학 · 과학 탐구를 할 수 있도록 도와주고 싶었다. 그래서 고민 끝에 석정이가 댓글을 남긴 사람들을 만날 수 있는 자리를 마련해 주었다. 석정이는 기뻐하며 곧바로 댓글을 남긴 사람들과 만날 수 있는 시간과 장소를 약속했다.

드디어 약속한 그날이 됐다. 모이기로 한 장소는 아이디가 '수학도사'인 교수님의 대학 강의실이었다. 그동안 온라인에서만 서로 정보를 나누고 이야기를 나눈 사람들을 한자리에서 만난다는 사실에 석정이는 마음이 설렜다.

석정이는 약속 시간에 맞춰 부모님과 함께 강의실 안으로 들어갔다. 강의실 안에는 이미 여러 사람이 의자에 앉아 있었다. 사람들 얼굴을 한 명 한 명 차례로 보는 순간 석정이 눈에서 눈물이 흘렀다. 강의실에 모인 사람들이 석정이가 그토록 그리워하던 홍찬이, 훈장님, 서당 친구들과 똑같은 닮은 모습이었기 때문이다.

석정이는 눈물을 닦으며 강의실 안에 있는 사람들을 향해 말했다.

"정말 보고 싶었어요."

모인 사람들은 석정이가 수학·과학을 함께 탐구하게 되어 얼마나 기뻤으면 눈물까지 흘린다고 생각하며 힘찬 박수로 석정이를 반갑게 맞이했다. 석정이는 다시 못 볼 것만 같았던 그리운 얼굴들을 보게 되어 마음이 벅차올랐다.

훈장님과 똑 닮은 모습을 한 '수학도사' 교수님은 석정이에게 책을 한 권 선물했다.

"오늘 내가 가장 좋아하는 조선시대의 수학자 최석정 선생님과 이름이 같은 학생을 만나게 되어 얼마나 행복한지 몰라요. 석정 학생도 최석정 선생님처럼 수학으로 사람들을 행복하게 해 주길 바랄게요. 함께 이런저런 것들을 탐구해 봐요. 아, 참! 최석정 선생님은 수학뿐만 아니라 천문학, 정치에도 능통하셨어요."

교수님이 석정이를 향해 웃으며 말했다. 그 말을 듣고 나자, 석정이는 타임 슬립을 통해 지금까지 일어난 과거의 일이 앞으로 자신에게 펼쳐질 미래에 대한 연결고리라는 생각이 들었다.

그동안 석정이는 공부와 거리가 멀었지만, 조선시대로 갔다가 집으로 돌아오기 위해 여덟 문제를 열심히 풀면서 새로운 꿈과 마음을 갖게 됐다. 수학과 과학을 잘 모르던 석정이였지만 석정이 안에는 공부하고자 하는 무궁한 가능성이 숨어 있었던 것이다.

이 책을 읽고 있는 여러분도 석정이처럼 무한한 가능성을 품고 있을지도!

꺾은선그래프

꺾은선그래프는 시간에 따라 연속적으로 변화하는 모양을 나타내는 데 편리하다.

퀴즈 2

여섯 번

이루어지는 모든 경기는 다음과 같다.

(1반, 2반) (1반, 3반) (1반, 4반) (2반, 3반) (2반, 4반) (3반, 4반)

이것을 그림으로 나타내면 다음과 같다.

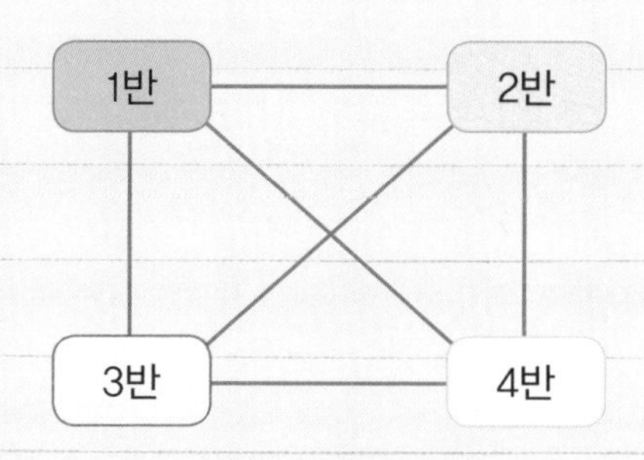

⑤ 석정이는 현재까지 전체 문항 중에서 $\frac{3}{8}$을 풀었다.

보기를 바르게 고치면 다음과 같다.

① 석정이는 현재까지 전체 문항 중에서 $\frac{3}{8}$을 풀었다.

② 석정이가 가위바위보에서 가위를 낼 가능성은 $\frac{1}{3}$이다.

③ 석정이가 동전을 던져 앞이 나올 가능성은 $\frac{1}{2}$이다.

④ 석정이는 현재까지 전체 문항 중에서 틀린 문제가 없다.

퀴즈 4

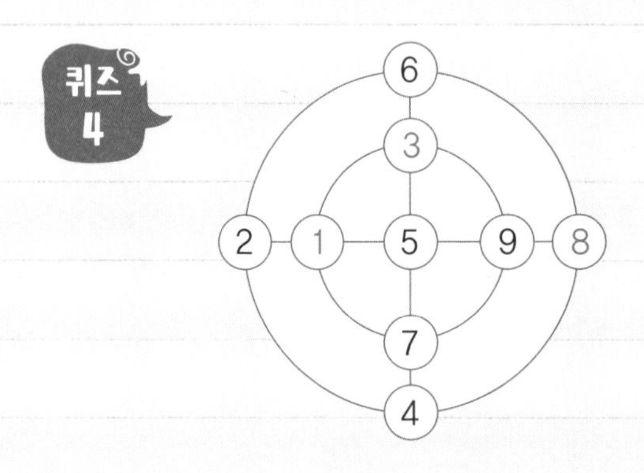

같은 원의 둘레에 속한 수를 모두 더하면 20, 가로줄과 세로줄에 있는 수를 각자 더하면 25가 나온다.

퀴즈 5

① 붉은색 ② 푸른색

적양배추 지시약은 산성을 만나면 붉은색, 염기성을 만나면 푸른색으로 변한다. 고로 감식초는 산성, 비눗물은 염기성이다.

10개

외운 한자 수를 모두 더하면 5+8+3+12+17+13+12=70. 이를 요일 수로 나누면 10. 고로 하루 평균 10개의 한자를 외웠다.

퀴즈 7

육지 쪽으로 펄럭인다.

낮에는 모래로 된 육지가 물로 된 바다보다 빠르게 뜨거워진다. 데워진 육지의 공기는 위로 올라가고 빈 공간으로 바다의 공기가 이동한다. 이 때문에 바다에서 육지로 바람이 불고 깃발이 육지 쪽으로 펄럭인다.

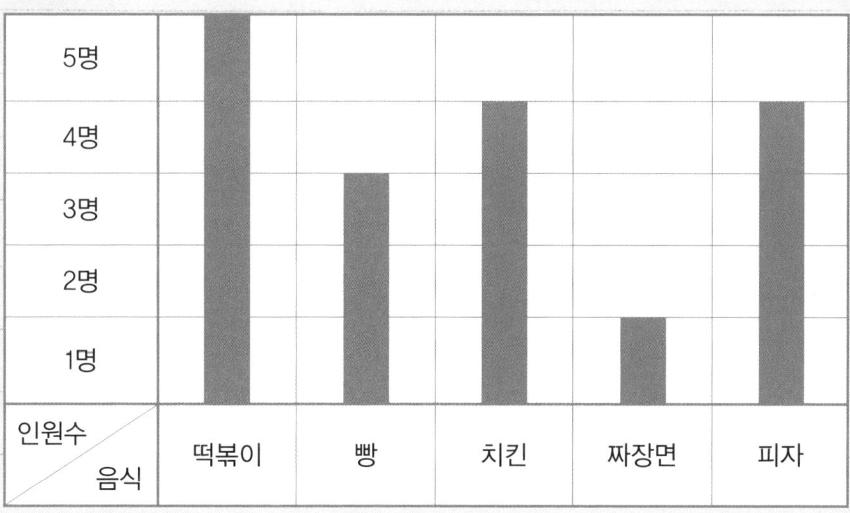

융합인재교육(STEAM)이란?

수학·과학 교육의 새로운 패러다임

"지구는 둥근 모양이야!"라고 말한다면 배운 것을 잘 이야기할 수 있는 학생입니다.

"지구가 둥글다는 것을 어떻게 알게 되었나요?"라고 질문한다면, 그리고 그 답을 스스로 생각해 보고 궁금증에 대한 흥미를 느낀다면 생활 주변에서 배우고 성장할 수 있는 학생입니다.

미래 사회는 감성과 창의성으로 학문의 경계를 넘나드는 융합형 인재를 필요로 합니다. 단순히 지식을 주입하는 데 그치지 않고 '왜?'라고 스스로 묻고 찾아볼 수 있어야 합니다.

미국, 영국, 일본, 핀란드를 비롯해 여러 선진국에서 수학과 과학의 융합 교육에 힘쓰고 있습니다. 우리나라에서도 창의 융합형 과학기술 인재 양성을 위해 교육부에서 융합인재교육(STEAM) 정책을 추진하고 있습니다.

융합인재교육은 과학(Science), 기술(Technology), 공학(Engineering), 예술(Arts), 수학(Mathematics)을 실생활에서 자연스럽게 융합하도록 가르칩니다.

〈수학으로 통하는 과학〉 시리즈는 융합인재교육 정책에 맞춰, 학생들이 수학과 과학에 대해 흥미를 갖고 능동적으로 참여하며 스스로 문제를 정의하고 해결할 수 있도록 도와주고 있습니다.

스스로 깨치는 교육! 수학과 과학에 대한 흥미와 이해를 높여 예술 등 타 분야와 연계하고, 이를 실생활에서 직접 활용할 수 있도록 하는 것이 진정으로 살아 있는 교육일 것입니다.

16 수학으로 통하는 과학

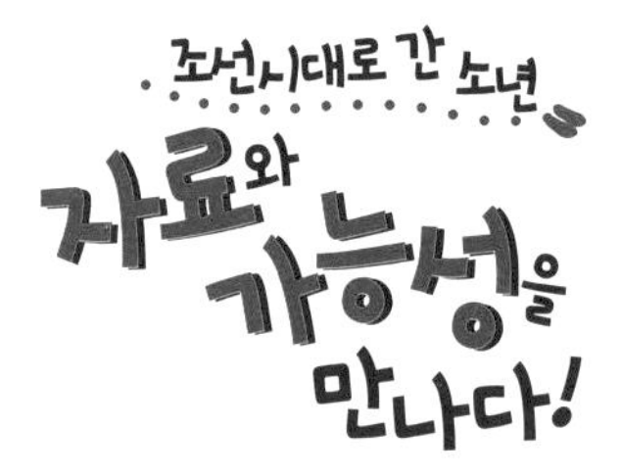

초판 1쇄 발행일 2019년 11월 1일
초판 2쇄 발행일 2022년 9월 16일

지은이 김혜진, 조영석
그린이 이지후
펴낸이 정은영

펴낸곳 (주)자음과모음
출판등록 2001년 11월 28일 제2001-000259호
주소 10881 경기도 파주시 회동길 325-20
전화 편집부 (02)324-2347, 경영지원부 (02)325-6047
팩스 편집부 (02)324-2348, 경영지원부 (02)2648-1311
이메일 jamoteen@jamobook.com

ISBN 978-89-544-4015-8(44400)
978-89-544-2826-2(set)

이 도서의 국립중앙도서관 출판시도서목록(CIP)은 서지정보유통지원시스템
홈페이지(http://seoji.nl.go.kr)와 국가자료공동목록시스템(http://www.nl.go.kr/kolisnet)에서
이용하실 수 있습니다.(CIP제어번호: CIP2019037960)